엄마랑 아이랑
퐁당퐁당 여행육아

엄마랑 아이랑

퐁당퐁당 여행육아

신경원(떠수니)
지음

서사원

"살면서 미쳤다는 말을 듣지 못했다면,
당신은 단 한 번도 목숨 걸고 도전한 적이 없었던 것이다."

W. 볼튼

언제나 행복한 엄마이고 싶다

"엄마가 행복해야 아이도 행복하다."

선배 엄마들이 항상 해주는 말입니다. 마음을 따뜻하게 보듬고 위로해주는 것 같아 눈물이 납니다. 엄마라는 사람은 생물학적으로 무한한 사랑을 줄 수밖에 없는 존재이지만, 아이한테 헌신하다 보면 나를 잃을 수도 있다는 불안감이 들곤 합니다. 결국 나만 다치고 아파질까 봐 겁도 납니다. 기껏 키웠더니 "모두 엄마 때문이야."라는 말이나 쏟아내면 어떡하나 덜컥 불안해지기도 합니다.

'어떻게 해야 우리 가족 모두 많이 웃을 수 있을까?' 고민하던 중에 《엄마가 행복해야 아이가 행복하다》라는 책을 우연히 보게 되었습니다. 목차만 봤는데도 위안이 되더군요. '행복한 엄마가 되라'는 말이 마냥 감사했습니다. 나는 이미 훌륭한 엄마라는 자신감까지 생겼지요. 남편에게는 욕심처럼 보이는 저의 소망들을 야심차게 이야기하고, 밀고 나가보기로 다짐했습니다. 누구보다도 나 자신을 위해서요.

저는 좋아하는 여행을 육아에 접목하고 싶었습니다. 애를 키우는 동안에도 좋아하는 일을 계속할 때 삶의 원동력이 생기거든요. 여행할 때 가장 밝고 자유로운 사람입니다. 집에 있으면 괜스레 숨이 막히는 기분이었어요. 그렇다고 어린 아이를 데리고 매일 여행을 떠날 수는 없는 노릇이었습니다. 그리하여 일상 여행을 꿈꾸었죠.

의지하고 싶은 친정은 너무 멀리 있어서 존재만으로 위로를 삼을 뿐. 하루하루 쳇바퀴 굴러가듯 지루한 느낌이 들거나 아파도 도움 청할 곳 없던 서글펐던 일상에서 여행이라는 처방을 수시로 내리기 시작했습니다. 거창한 여행 욕심을 내려놓으니 딱딱하게 굳었던 마음이 쉽게 풀렸습니다. 또 미래와 함께하고 싶은 글과 사진, 여행을 육아에 묻으니 그 어떤 힘든 일도 극복할 수 있겠다는 믿음도 생겼습니다.

처음에는 '꿩 대신 닭'이라는 심정으로 시작한 일상이었습니다. 막상 실행해보니 멀리 가는 여행만큼이나 값진 것을 얻을 수 있었어요. 그 매력에 빠져서 아이와 할 일을 끊임없이 만들고 또 만들었습니다. 아이의 성향은 밖에서 잘 드러났습니다. 아이는 좋아하는 존재를 스스로 발견하는 기회를 가졌습니다. 아이에 대해 몰랐던 것을 알게 될 때마다 가슴이 벅차올랐습니다.

저는 엄마 감정을 가장 중요시하는 육아를 해왔습니다. 아이 마음을 기울여 바라보려 노력하지만, 저의 마음을 더 많이 들여다보는 사람입니다. 나의 감정을 먼저 챙겨 나가보세요. 정말 좋아서 또 외출하게 됩니다. 일종의 마약 같은 것일지도 모르겠어요. 아이를 위해 이 몸 하나 바칠 수는 있지만, 마음은 다 못 주겠더라고요. 저도 아직 청춘이거든요. 도전하고 싶은 일이 많아서 멈춰 있기에는 시간이 너무나 아깝습니다. 좋아하는 여행 앞에서는 더더욱 그렇습니다. 아이들을 두고 멀리 여행을 가도 죄책감 따위는 들지 않았습니다. 여행을 하면 가족이 더 소중해지거든요.

물론 엄마 위주로만 아이들을 끌고 가선 안 되겠지요. 모두가 행복할 공생 육아를 실천했습니다. 아이 성향을 고려해 저와 아이의 교집합을 찾아갔습니다. 우리가 웃을 수 있는 일상 여행거리는 생각보다 참 많았습니다. 독박 육아에 지칠 여유도 없을 만큼 길고 긴 리스트를 만들었어요.

저는 늘 투쟁해왔습니다. 어릴 적엔 평범하게 살기 싫어하는 딸이 걱정돼 차라리 모른 척하던 친정 부모님에게, 결혼해서는 모든 일에 헤살을 놓는 남편에게 하고 싶은 일을 크게 외쳐왔습니다. 우리 각자의 꿈보다 지금의 현실만 따지는 남편과 아직도 치열하게 싸웁니다.

엄마도 숨을 쉬어야 합니다. 지금도 빈 가슴을 채우기 위해 남편에게 '나의 자유'를 강하게 주장합니다. 내 삶에 반드시 필요한 공기 같은 시간입니다. 우리 남편은 20분 거리에 있는 여의도 한강공원을 가는 것도 며칠은 고민해야 합니다. 어디 가는 일이라면 돈 걱정, 시간 걱정, 아이들 감기 걱정 등 온갖 핑계를 대며 뭉그적거리지요. 아이러니하게도 그런 남편이 없었다면 아이와 단둘이서 돌아다니는 일도 없었을 겁니다.

저는 불량 엄마입니다. 등원 준비도 듬성듬성 하고요. 두 아이 모두 엄마 손으로 씻어준 적이 손꼽습니다. 밥도 매끼 정성껏 차려주지 못합니다. 쫓아다니면서 입에 넣어주지도 않습니다. 손톱도 깎아준 적이 없습니다. 대신 제가 잘 할 수 있는 일들에 정성을 쏟아 부었습니다.

저는 불완전한 엄마입니다. 육아 고수는 더더욱 아니고요. 마음이 안 좋을 때는 지구 맨틀 아래까지 다녀올 정도로 감정 기복도 심합니다. 마음이 아픈 날도 많습니다. 그런데도 브런치 블로그에 '엄마가 행복한 여행 육아'라는 제목으로 거창하지 않은 여행기를 올린 이유는 저 같은 여린 엄마도 어떻게든 숨 쉴 구멍을 만들며 강하게 살고 있다는 점을 공유하고 싶었습니다. '헬조선' 대한민국에 살고 있는 엄마들이 조금이라도 가정에서 해방되어 용기 내길 바라는 마음이었습니다. 바깥 공기가 얼마나 아름다운지, 길가에 다니는 사람들의 온도가 어느 정도인지 수시로 느끼면서 살라고 권하고 싶었습니다. 자신을 사랑하는 엄마들이 세상 밖으로 당당하게 나오길 희망합니다. 그럴 자격이 충분합니다.

주변에는 저의 영향 때문인지 조금씩 자유 시간을 누리는 엄마들이 많아졌습니다. 다섯 살짜리 쌍둥이 아들을 키우는 친구 은주는 일주일에 한 번 외출을 했다가, 이제는 두 달에 한 번 친구들과 1박2일 여행을 누리고 있습니다. 아내가 없으면 처음에는 아무것도 못했다던 친구 남편도 요즘은 아이들에게 밥도 잘 차려준답니다. 인스타그램 친구 다예 엄마는 우리 모녀 여행기를 듣던 날 하원한 아이와 관악산 둘레길을 다녀왔다고 소식을 전해주었습니다. 버스를 타고 서울대학교에서 제일 높은 곳까지 올라 등산로로 쭉 내려오면서 단풍놀이를 했다고 합니다. 든든한 육아 동지인 준우 엄마는 네 살짜리 아들과 한 살짜리 딸을 데리고 한강에서 텐트 치고 즐길 만큼 용감해졌습니다.

저는 앞으로도 아이들을 계속 바라보고 지지하면서도 아이들도 엄마를 우러러볼 수 있는 삶을 살 것입니다. 친구 곽현 작가가 쓴《엄마, 나는 걸을 게요》에 이런 말이 나옵니다.

"엄마, 나의 엄마여서 고마웠어요. 사랑해요."

언젠가 제가 이 땅에 존재하지 않을 때, 태린이와 태윤이도 저에 대해 이렇게 생각해주면 좋겠습니다. 엄마가 남겨놓은 소소한 기록이 아이들에게 평생 꿈과 힘이 되길 바랍니다. 그런 마음으로 매일 새벽 제 꿈도 마음에 새깁니다.

브런치 매거진을 보고 예쁘게 출간 제의를 해주신 장선희 서사원 대표님에게 가장 감사드립니다. 아직 작고 나약한 저를 발견해주신 만큼 더 바르고 큰 사람으로 성장하겠습니다. 언제든 제게 칭찬과 조언을 아끼지 않는 지인들에게도 고마운 마음을 전합니다. 살면서 꼭 보답하며 살겠습니다. 늦된 태린이를 온전하게 존중해주시고 사랑으로 이끌어주신 꼬마수잔나 어린이집 선생님들께 깊이 감사드립니다. 선생님들 덕분에 태태남매가 몸도 마음도 건강하게 자라고 있습니다. 욕심도 많고 불만도 많은 아내를 사랑으로 보듬어주는 남편, 늘 고맙습니다. 누가 뭐래도 당신은 최고의 반려자입니다. 그리고 여태껏 공부하라는 말 한 마디하지 않고도 언제나 꿈을 꾸는 사람으로 키워주신 부모님, 항상 저를 믿어주셔서 눈물 나게 감사합니다. 묵묵하게 며느리를 지켜봐주시고 기도해주시며 몰래 용돈도 보내주시는 시부모님께도 감사드립니다. 소울 메이트 내 동생 지원이, 내 목숨만큼 아끼고 사랑합니다. 늘 형부 편을 들어주어 고마운 마음입니다. 마지막으로 아낌없는 사랑으로 평생 살아갈 힘을 축적해주신, 하늘에 계신 할아버지 할머니께 이 책을 선물하고 싶습니다.

2019년 2월
떠수니 드림

차례

봉주르 동대문!

"태린아, 우리 파리에 갈지 몰라! 에펠탑 앞 잔디밭에서 실컷 뛰어다니며 놀고, 센강에서 배도 타보자."

몇 날 며칠 흥분해서 아이에게 말했다. 태린이가 20개월 때였다. 한겨울에 파리를 가도 불태울 자신이 있었다. 첫날 저녁에는 샹젤리제 거리로 나가 크리스마스 장식을 볼 작정이었다. 마법에 걸린 듯한 파리의 다채로운 빛을 아이 눈에 넣어주고 싶었다. 사방에 퍼진 빛줄기 아래에서 회전목마를 태우고 손을 높게 흔들어주는 상상을 했다. 아이들이 북적거릴 거리에서 프랑스 친구들을 만나면 태린이가 어떤 반응을 보일지도 궁금했다. 베르사유 궁전 정원과 벵센 숲 파리 동물원, 과학산업관 내 어린이 박물관 정도는 매일 한 군데씩 데려가고 싶다는 계획도 있었다.

겨울이 아니어도, 아이와 함께 파리를 가겠다는 사람이 있으면 십중팔구는 말린다. 많이 걸어야 하고 해가 잘 안 뜨는 도시라 아이와 떠날 여행지로는 별로이기 때문이다. 하지만 우리 모녀는 하고 싶은 일이 정말 많았다. 비행기에서 단둘이 보낼 긴 시간은 막막했지만, 그런 사소한 걱정이 우리 여행을 막을 수는 없었다. 떠나는 것만으로 그 자체가 행복이었다. 몸이 고될지라도 한국에 돌아와 뻗고 말면 그만이었다. 죽어도 여한이 없었다.

파리와 나는 만날 때마다 티격태격했던 사이였다. 그렇지만 돌아오면 이상하리만큼 그리운, 희한한 녀석이었다. 당시에 디뮤지엄에서 열렸던 '파리지앵의 산책' 전시를 보다 갑자기 파리에 가고 싶다는 생각이 들었다. 태린이와 파리 거리를 걸을 생각에 설레서, 앞으로는 거부감 없이 그 도시를 받아들일 것만 같았다. 아이와 가니 어쩔 수 없어서라도 여유롭게 즐길 거라고 생각했다. 다시 만날 수 있다면 그 운명만으로 감사할 일이었다.

티켓도 없는 주제에 당연한 듯 짐을 꾸렸다. 진짜 갈 보장이 없으니 가볍게 챙겨갈 법도 한데, 필요 물품을 현지에서 살 자금이 없다는 이유로 목록을 작성해 꼼꼼하게 챙겨 넣었다. 돈도 없으면서 파리까지 간다고 그러고 있으니, 뻔뻔함에 피식 웃음도 나왔다. 최대한 챙겨야 하나라도 더 사 먹을 수 있으니 기저귀와 카메라, 아기 옷과 식기 정도는 고민 없이 바로 가방에 넣었다. 어느새 27인치 캐리어가 가득 찼다. 태린이가 좋아하는 장난감과 각종 영상이 담긴 아이패드는 책가방에 넣었다. 정작 내 것은 속옷, 장갑, 옷 한 벌이 전부였다.

드디어 운명의 날. 해외여행에 목말랐던 내게 불씨를 피운 존재는 에어프랑스 항공사였다. 에어프랑스는 동대문 디자인플라자DDP 어울림 광장에서 특별한 이벤트를 열었다. 사전 등록자 700 커플을 모아 놓고 딱 두 팀을 추첨해 바로 파리로 보내준다는 내용이었다. 서울 서쪽 끝자락에 사는지라 동대문까지 머나먼 길을 떠났다.

하늘도 무심하시지, 하필 그날 강추위가 제대로 닥쳤다. 남편은 당연히 말렸다. 700분의 1 확률을 뚫기는 하늘의 별따기니, 언젠가는 본인이 꼭 따로 보내주겠다고 공수표를 날렸다. 홍콩에 보내준다고 각서까지 써넣고 세 번이나 비행기를 취소했던 터라 그의 말이 귀에 들어오지 않았다. 거침없던 나를 막을 자가 없었다. 이벤트 주인공이 나일 거라 굳게 믿었다.

파리로 바로 떠나야 하니 자동차는 당연히 집에 두고 갔다. 집에서 지하철역까지 가깝지 않아 동대문까지 택시를 탔다. 좋아하는 폴Paul 베이커리에서 빵과 커피를 세 번 정도 더 사 먹을 수 있는 비용일 테지만 하필 한파가 불어 닥치는 바람에 과감하게 투자했다. 나는 괜찮아도 아이가 감기에라도 걸리면 여행이 힘들어지니까. 내비게이션

소요 시간을 보니 예상 시간 내에 도착할 거라 확신도 있었다. 평소 20분 정도 걸리던 영등포까지 45분이나 걸리기 전까지는 말이다. 짐을 넣고 빼기를 반복하느라 빨리 출발하지 못했던 나를 반성했다.

택시 안에서 있었던 에피소드

출발할 때만 해도 기사님은 행사가 시작될 오후 2시쯤에는 도착할 거라고 장담하셨지만 시간이 다가오니 불안했다. 결국 기사님께 집으로 돌아가자고 요청했다. 그 순간 함께 떠나기로 한 프랑스어 스터디 멤버들이 희망 메시지를 보내왔다. 오후 2시부터 입장을 시작해서 먹을거리가 나오고 사회자가 행사부터 진행하고 있다고. 그 말인즉슨, 우리가 도착할 때까지는 티켓 추첨을 할 가능성이 적다는 이야기였다.

나 (비장한 목소리로)기사님, 다시 동대문으로 가주세요.

올림픽 대로로 향하는 직진 신호를 기다리다 집으로 가려고 우회전으로 돌아서던 찰나, 직진 방향으로 재빠르게 붙어도 되는데 우회전을 해서 복잡한 길을 굳이 돌아오신단다.

나 (울먹이면서) 그냥 직진 쪽으로 붙이셔도 될 텐데….

기사님 교통 규칙에 어긋날까 봐.

나도 모르게 한숨을 계속 쉬어 댔다. 돌려 섰던 직진 신호 앞에 다시 왔다. 1분도 소중할 판국에 10분을 버렸다. 평일인데도 올림픽대로는 막혔다. 기사님께 융통성이 생기길 바라며 더더욱 다급한 액션과 멘트를 날렸다.

나 기사님, 사실은 오늘 제가 파리를 가요. 2시까지 체크인을 마쳐야 했는데 아무래도 못 갈 것 같아요. 몇 명 기다려주고 있다는데 언제까지일지는 모르겠네요.

기사님 파리를 가려면 인천공항에 가야 하지 않나요?

나 아, 항공사에서 보내주는 건데 거기서 모여 같이 움직인다고 해요. 늦게 도착해도 받아준다고 해서 가보려고요. 티켓이 너무 아깝잖아요.

기사님 아, 그런 것도 있네요.

그럼에도 기사님은 차 한 대 추월하지 않고 안전 운전을 하셨다. 그렇게 한강을 건너 장충단 길로 들어서기까지 1시간 반이 걸렸다. 그때 2시 40분까지 체크인 절차를 마친다는 소식을 접했다.

나 (현장에 있던 멤버와 통화하면서) 2시 40분까지만 가면 된다고요?

기사님 (통화 내용을 같이 들으시고) 이제 다 왔어요. 여기서 5분 안에는 갈 수 있어요.

체크인 시간을 2분 남겨두고 DDP에 도착했다. 태린이도 그때 잠에서 깨어났다. 기사님께 화를 내진 못했다. 그저 교통 규칙을 어떻게든 지켜가며 운전하시는 연세가 있는 분이었다. 차를 탈 때 무거운 캐리어를 흔쾌히 실어주신 것처럼 내리는 순간에도 누구보다 먼저 움직여주셨다. 잔돈 2000원을 받지 않고 감사하다는 말씀을 드렸다. 어쨌거나 2시 40분 안에는 도착했으니까.

택시에서 내리자마자 체크인 장소를 향해 무작정 뛰었다. 애를 안고 중형 캐리어를 끌고 미친 듯이 스태프한테 달려갔다. 2시 39분이었다. 스태프는 막 체크인을 마무리했다고 했다. 길게 늘어서 있던 승무원들도 일제히 노트북을 덮기 시작했다.

나 (숨이 너무 찬 상태로) 2시 40분에 마감한다고 해서 이렇게 왔는데… 아직 1분 남았는데….

스태프 (애 안고 뛴 모습을 다시 떠올린 건지) 여권부터 보여주시겠어요? (승무원에게 우리를 보내며) 여기 한 분 더 있습니다.

안도의 한숨을 내쉬다가 다리에 힘이 풀린 나머지 애를 안은 채 뒤로 발라당 자빠졌다.

동대문까지 고된 여정이었지만
체크인을 성공했다는 사실 만으로도 너무 기뻤던
동대문 파리 해프닝

우여곡절 끝에 행사장에 들어가 추첨번호를 받았지만, 행운은 다른 사람에게 돌아갔다. 동대문까지 고된 여정이었지만 체크인을 성공했다는 사실 만으로도 너무 기뻤다. 파리는커녕 동대문이면 어떠하리. 파리를 향한 집념을 생각하니 웃음만 나왔다. 스터디 멤버들과 함께 해서 돌아가는 길도 행복했다. 짐을 제대로 싸서 그랬을까 파리를 실제로 다녀온 것처럼 기분이 좋았다.

두 돌도 안 된 아기가 굳이 파리를 갈 필요가 있겠느냐고 누군가 딴죽을 걸기도 했다. 파리의 기운을 알고 있으니 흘려 넘겼다. 파리는 태린이에게 감정과 상상력을 한껏 끌어올리리라 믿었다. 넓은 세상과 다양한 사람을 온몸으로 느끼며 아름다운 영감을 받길 바랐을 뿐. 아이랑 여기저기 뒹굴 시간이 많이 남아있지 않다. 나 역시 눈 깜빡할 사이에 30대 중반이 됐으니 아이도 그렇게 훌쩍 커버릴 것이다. 시간이 무섭게 흘러 결혼도 하고 엄마도 될 것까지 생각하면 내게 주어진 지금이 각별하다. 서울 하늘과 지구 반대편 하늘 아래 서서 흥분에 벅찬 우리 모녀를 상상해 보며 동대문 해프닝을 예쁘게 추억해본다.

떠수니의 여행 육아 TIP

아이와 가고 싶었던 겨울의 파리 명소

○ 벵센 숲 파리 동물원 Parc zoologique de Paris

1934년에 개관한 역사 깊은 동물원이다. 무려 6년간의 공사를 마치고 2014년에 다시 문을 열었다. 서식지와 최대한 유사한 환경을 만들어 동물들을 자유롭게 풀어놓은 점이 마음에 든 장소다. 한국 동물원에서는 우리에 갇혀 잠만 자는 사자를 봐야 하지만, 이곳에서라면 동물이 살아가는 모습을 실감나게 볼 수 있을 거라 생각했다. 사람과 동물 사이에 쇠창살 하나 찾아볼 수 없다고 한다. 파리 식물원Menagerie de Jardin des Plantes 내 동물원보다 규모가 훨씬 크고 종류도 다양하다.

출처: Paris avec ces Enfants(2015)

위치 53, avenue de Saint-Maurice

전화 (+33) 0-811-224-122

지하철 역 8호선 Porte Dorée역, 1호선 Saint-Mandé 역

홈페이지 www.parczoologiquedeparis.fr

요금 성인 20유로, 어린이(만 3세~11세) 15유로

○ 라빌레트 과학산업관

파리 여행 중에 아이와 함께할 추천 장소로 단연 으뜸이다. 단순 전시장이 아니다. 시각과 촉각을 많이 자극받고 상상력을 키울 수 있는, 체험 위주의 공간이다. 특히 어린이 박물관은 말로만 들어도 어려운 과학기술이라는 분야를 아이들이 거부감 없이 즐길 수 있도록 설계해두었다. 두 살 아기도 체험할 거리가 있다는 점이 가장 끌렸다. 우리나라도 수도권 중심으로 어린이 박물관이 많이 들어섰지만, 영유아들이 놀기에는 이른 면이 없지 않다. 파리 과학산업관 외부에는 '세계 최고의 21세기 공원'으로 평가받는 라빌레트 공원이 펼쳐져 운하를 따라 산책하기도 좋다. 만 2~7세, 5~12세 체험 거리가 구분돼 있다.

출처: 프랑스 파리 과학산업관

위치 30, avenue Corentin-Cariou

전화 (+33) 01-40-05-70-00

지하철 역 7호선 Porte de la Villette 역

홈페이지 www.cite-sciences.fr

당일치기 튀김소보로 여행

"성심당 빵 먹으러 대전 가고 싶어."

남편한테 자주 하는 말이다. 김태훈 작가님의 《우리가 사랑한 빵집, 성심당》을 읽기 전까지는 당일치기 빵투어는 상상도 못할 일이었다. 책 읽는 모임 '비밀모책' 대원들은 성심당을 직접 보고 싶은 마음 하나로 토요일 이른 아침부터 대전으로 달려갔다. 김 작가님과 북 토크 자리에서 갑작스럽게 성사된 투어였다. 성심당 스토리를 알고 나니 갓 나온 빵맛이 궁금해 며칠 내내 마음이 근질거렸다. 5개월 임산부가 아이랑 당일치기를 자처했다. 태린이를 데리고 나가니까 남편한테 아쉬운 소리를 할 필요도 없었다.

드디어 디데이. 우리 모녀는 근처에 사는 윤주 언니 집으로 건너가 차 한 대로 움직였다. 언니네 차로 카시트도 옮겨 태린이를 앉혔다.

"(여우)야, (여우)야, (뭐하)니! (잠잔)다~, (잠꾸러~)기!"

태린이는 앞뒤 양옆으로도 널찍한 차가 마음에 들었는지 어디로 가는 줄도 모르면서 흥얼거렸다. 웬만해선 입을 떼지 않는 아이가 노래를 부르다니. 장난감 마이크에서 나오는 노래에 맞춰 끝 음절만 내뱉는 거였지만 놀라운 발전이었다. 자신감 넘치는 태린이 목소리에 모두 방긋 미소를 지었다. 아침 식사로 구워온 소고기도 팝콘처럼 하나씩 집어먹더니 그릇을 다 비웠다.

'밤 늦게까지 잘 있어 주겠구나.' 엄마를 닮아 어디를 가도 기분 좋은 아이지만 사람과 공간에 꽤 예민한 아이다. 이 정도면 정말 좋은 예감이었다. 고속도로에 들어서자마자 잠이 들었고 대전에 도착할 때쯤 눈을 떴다.

비밀모책 대원들은 서울과 일산에서 세 팀으로 나뉘어 대전으로 갔다. 날도 좋고 아침부터 움직이는 차들이 많아 고속도로가 꽉 막혔지만, 우리 팀은 6인승 차를 타고 전용차선을 이용해 김미진 성심당 이사님과 제시간에 미팅 시간을 가졌다. 어찌 보면 지나가던 나그네

일 우리를 환한 미소로 반겨주셨다. 대화를 나누는 동안 책에 있든 없든 어떤 스토리도 정성스럽게 풀어주셨다. 이사님은 '관계 속 부활(인연 맺은 사람들이 베푼 사랑 덕에 일으킨 힘)'을 경험했기에 은인을 위한 기도를 많이 드린다고 했다.

이사님을 바로 옆에서 계속 바라보았다. 눈빛과 손짓에서도 사람을 소중하게 여기는 마음이 담겨 있었다. 직원들이 어찌하여 성심당을 굳게 지켜왔는지 알 수 있었다. 스친 인연도 소중히 여긴다는 그녀는 우리에게 성심당 계단에 장식할 머그컵에 글씨를 써달라고 요청하셨다. 이사님과 미팅을 마칠 때쯤 임영진 대표님도 올라오셔서 단체 사진을 여러 번 찍었다. 선물도 티타임도 정성스럽게 준비해주셨다.

'모든 이가 다 좋게 여기는 일을 하도록 하십시오.' 성심당 사무실에 들어가자마자 보이는 글귀는 임영진 대표 부부가 포콜라레 운동 창시자인 끼아라 루빅에게 조언을 받은 문구였다. 김 작가님이 책에서 설명한 바에 따르면, 여기서 '모든 이'는 고객만을 지칭하지 않는다. 직원도 거래 업체도 성심당을 찾지 않는 대전 시민 등 서로 다른 정체성을 가지고 있는 존재 모두를 다양하게 포함하고 있다. 이 문구를 경영 이념으로 삼은 성심당은 그 모두를 위해 빵집을 집처럼 편안한 분위기로 바꿨다. 기존 대리석 바닥 대신 나무 바닥을 깔아 따뜻한 가정집 같은 빵집을 연출했다. 잘 사는 사람도, 못 사는 사람도 초라하게 느끼지 않도록, '시간이 지나도 변하지 않는, 모두가 좋아하는 자연 그대로의 모습'은 성심당 운영 전반 하나하나에 묻어 있었다.

△ 성심당에서 만난 큰 사람, 김미진 이사님
▽ 간식으로 준비해주신 롤케이크

다음은 성심당을 방문하기 전에 궁금했던 점을 질문하고 들은 내용이다.

질문 창업주인 시아버님으로부터 이어받은 정신과 신앙심 중 성심당 경영에 더 큰 영향을 준 요소는 무엇인가요?

답변 성당은 우리에게 정신적 지주 역할을 해왔습니다. 일상에 젖어 있는 신앙 덕분에 경제적 부富와 같은 가치 앞에서도 흔들림이 없었습니다. 은인을 위한 기도를 많이 드리게 됩니다. 김태훈 작가처럼 수호천사 같은 존재들이 불쑥 나타나기도 합니다. 이렇게 만났던 인연들(우리 대원들) 사이에서도 그랬습니다. 성심당 일에 자발적으로 관여해주시는 분들이 많아서 감사합니다. 60주년 행사를 준비하면서 더 많이 느꼈습니다. 그럴 때마다 관계가 부활했다고 생각했습니다. 보이지 않는 강렬한 힘을 믿습니다.

질문 힘들었던 시기를 어떻게 이겨내셨나요?

답변 최고의 전성기를 누렸던 1980년대를 떠올렸습니다. 제과업계에 크로와상이나 치아바타 등과 같은 세련된 빵을 만드는 바람이 불었지만 같은 방향으로 가려던 마음을 접고 기본으로 돌아가려 했습니다. 키아라 루빅과 성서 말씀을 참고해 성심당스러운 것을 찾았습니다. 다른 프랜차이즈에서 할 수 없는 부분을 하려고 노력했습니다. 예를 들면 재고가 생길지라도 뜨거운 빵을 계속 진열대에 올리거나 먹고 싶은 빵을 넉넉하게 먹도록 시식 빵도 큼지막하게 썰었습니다. 직원들이 남은 빵을 묶어 할인 판매하는 방법도 추천했지만 대표님이 원하지 않았습니다. 따뜻하고 신선한 빵을 공급하길 바라서였습니다.

가게 안팎에는 빵을 사려는 사람들로 가득 차 있었지만, 빨리 사서 나가야겠다는 생각이 안 들었다. 마룻바닥과 할로겐 조명도 한몫 했겠지만 매장마다 성모님이 있어서일까. 공간 자체가 마냥 따뜻했다. 시식한 빵도 하나같이 맛있고 따끈했다. 코너 곳곳에 서 있는 직원들은 손님들이 앞에 설 때마다 대기하고 있었다는 듯이 시식할 빵을 바로바로 잘라주었다. 성심당다웠다. 입에 많이 넣어도 누구 하나 눈치주는 일도 없었다. 만든 지 4시간이 지난 빵은 팔지도 않는다고 한다.

시식했던 빵을 쟁반 위에 올렸다. 평소 내 입맛에 안 맞던 빵도, 겉보기에는 단순해보이던 빵도 입속에서 무섭게 나를 유혹했다. 널리 알려진 튀김소보로 말고도 다양한 빵을 만났다. 종류가 어마어마했는데 그럴듯하게 보이려고 가득 채운 빵이 아니었다. 하나하나에 정성과 아이디어, 사랑이 돋보일 정도로 직원과 고객, 지역 시민을 아끼는 마음으로 만든 빵이었다. 성심당에게 나라는 사람은 단순 소비자가 아니었다. 날 소중히 여기는 빵이 있다니! 자본주의에 찌들어 소비하기 바빴던 나를 반성케 했다.

성심당은 창업 이래 줄곧 직원들에게 사랑을 실천해왔다. 인사고과에서 사랑이 차지하는 비중이 40%일 정도로 이곳에서는 사랑이라는 가치가 중요하다. 사랑을 나누는 분위기 속에 빵이 만들어지니 맛이 없을 수 없다. 이름도 특이하고 순수하다. 카카오순정, 판타롱 부추빵, 댕기동자 페스츄리, 토요빵, 보문산 메아리, 오! 보름달, 우리밀 찹쌀달쫀이. 사랑의 힘은 입속에서 무섭게 표가 난다.

성심당에서 운영하는 레스토랑 수준도 우리를 놀래켰다. 점심을 먹었던 이탈리안 레스토랑 플라잉팬은 맛도 분위기도 고급스러웠다. 처음 만난 남녀가 소개팅을 한다면 백발백중 결혼까지 이어질 거라고 확신했다. 빵 메뉴처럼 레스토랑 메뉴도 풍성했다. 성심당 철학 아래 운영되고 있으니 음식들도 맛있을 수밖에 없었다. 주문한 메뉴를 서로 나눠 먹고 배를 가득 채우면서 본의 아니게 대전 중앙시장 맛집 투어 계획은 접었다.

점심을 먹은 뒤에 우리는 성심당 사무실로 돌아와 마을기업 '로드스쿨'을 만났다. 로드스쿨은 대전을 아끼는 사람들이 모여 사회적 경제와 공동체를 주제로 콘텐츠를 기획제작하고 있다. 성심당과 대전 원도심 일일투어도 진행하고 있고, 원도심 투어 지도를 만들어 대전 지역을 찾은 사람들을 위해 배포한다. 나처럼 무턱대고 대전을 찾은 사람들이 쉽게 먹고 보고 즐길 수 있도록 지도 하나에 400여 곳이 보기 좋게 담겨 있었다. 우리가 만난 강용운 사진작가와 박선향 삽화가는 책 속 성심당을 담은 분들이면서도 로드스쿨 멤버였다. 지도를 만든 과정을 들었을 때 대전을 얼마나 사랑하는지 그 마음이 그대로 느껴졌다.

입덧이 한창이었던 나는 차에서 토할 뻔한 위기가 있었지만 대전 땅에 발을 딛는 순간부턴 취재하고 다니던 젊은 시절로 돌아간 기분이었다. 태린이는 차에서 하루 종일 운전을 맡아준 기형부(윤주 언니 남편) 손을 잡고 엄마 없이도 잘 다녔다. 아이라고, 임산부라고 걸음마다 배려해주는 멤버들 덕분에 성심당을 더 깊이 느끼고 올 수 있었다.

아이를 데려온 사람 치고 자유인이었다. 태린이와 놀고 있을 테니 이럴 때라도 천천히 식사하라는 지인들 배려 덕분에 음식도 제대로 음미하고, 성심당을 집중해서 바라볼 수 있었다. 같은 차를 타고 간 승미 언니와 현정 언니는 아이 짐이 한가득 담긴 무거운 가방을 이동할 때마다 흔쾌히 들고 나섰다. 어딜 가나 내 짐부터 먼저 챙기는 언니들에게 얼마나 미안하고 고마웠는지 모른다.

기형부는 처음부터 끝까지 태린이를 조카 손주처럼 예쁘고 정성스럽게 돌봐주셨다. 기형부 덕분에 내 손이 자유로웠다. 손잡고 다니다가도 태린이가 안아달라고 두 손을 뻗치면 흔쾌히 들어 올리고 대전 시내를 걸어 다녔다. 자상한 이모부 마음이 진심으로 느껴졌는지 엄마를 전혀 찾지 않았다. 사람들한테 의지하려고 태린이를 데리고 간 것은 아니었지만, 매 순간 감사할 수밖에 없었다.

태린이도 그날을 기다렸던 걸까. 성심당 경영진과 만났던 사무실에서 태린이는 얌전히 앉아 있었다. 직원들이 차려준 롤케이크를 먹으며 맛있다는 표정을 계속 지어대자 다들 미소 지었다. 빵 만드는 현장을 둘러볼 때는 엄숙해야 한다는 걸 스스로 알았는지 공장을 들여 보다가 같이 갔던 서은 언니 손을 잡고 조용히 물러섰다.

대전천 산책을 나갔을 때는 더 신났다. 태린이가 좋아하는 환경이었다. 풀과 물가가 있는데다 꿈틀거리는 곤충도 많았다. 지나가던 강아지도 많았다. 만나는 강아지 주인들은 모두 천사 같았다. 만지고 싶어 하는 아이 마음을 읽고 오랫동안 교감할 시간을 주었다. 좋은 카메라를 들고 왔던 지은이가 태린이를 따라다니며 사진을 수십 장 남겨주었다. 짧은 치마를 입고도 수시로 무릎을 꿇어가며 찍은 사진은 엄마인 내가 찍은 사진보다 사랑이 더 담겨 있었다.

태린이가 춤을 추고 노래를 부르자 일렬로 앉아 있던 우리는 모두 물개 박수를 쳤다. 태린이 입이 귀에 걸렸다. 기형부는 태린이가 1킬로미터 넘게 직진 걸음을 해도 그저 묵묵히 따라가며 그녀의 즐거움을 유지시켜주었다. 엄마가 옆에 있었다면 계속 제지해서 산책하는 재미를 떨어트렸을지 모른다.

아이에게 닿은 감각은 하루아침에 쌓이는 법이 아니다. 개미 속도로 걷더라도 그것도 여행이다. 돌잔치 하던 날, 태린이가 어떻게 자랐으면 좋겠냐고 사회자가 물었을 때 나도 모르게 이렇게 답했다.

"사랑을 많이 베푸는 사람이 됐으면 좋겠습니다."

성심당 당일치기 여행을 함께 해준 고마운 사람들

한 번도 생각해본 적 없는 질문에 급하게 대답했는데 지나고 보면 운명적인 생각이었다. 성심당을 만들고 가꾸는 사람들을 만나면 태린이가 사랑을 아름답게 나누는 기운을 조금이라도 받을 것 같았다. 책 속에서 느낀 대로라면 성스럽고 따뜻한 공간을 공감하리라 믿었다. 이런 마음으로 어린아이를 데리고 당일치기를 감행했다. 성심당을 모르고 살았다면 억울했을 정도로 우리 모녀에겐 이날의 추억이 특별하다. 짧았지만 알찼던 행복 1일 투어. 성심당처럼 마음 따뜻한 이야깃거리가 있는 지역이 있다면 아이들과 어디든 또 떠나고 싶다.

떠수니의 여행 육아 TIP

성심당 & 대전 원도심 도보 여행 원데이 투어 추천

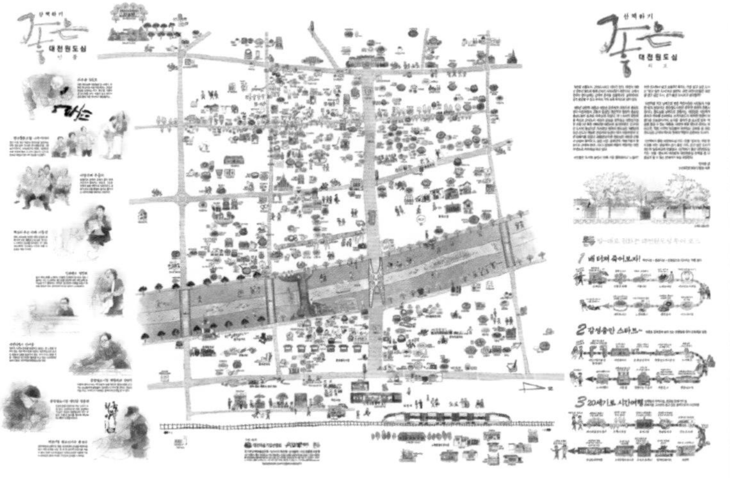

대전 원도심은 막히는 고속도로를 뚫고라도 하루 정도 시간을 낼 가치가 있는 여행지다. 적당히 넓어 아이들과 산책하듯 걸어 다니기 좋다. 대전천변을 끼고 자연을 느낄 수 있을 뿐더러 대전역 일대 명소와 맛집도 곳곳에 위치해 있다. '산책하기 좋은 대전 원도심 지도' 한 장만 있으면 인터넷 정보를 하나하나 찾아볼 필요도 없다. 배포 장소에서 지도를 구했다면 개인적으로 움직여도 좋고, 대전 원도심 투어로 세심하게 둘러보는 것도 추천한다. '산책하기 좋은 대전 원도심' 페이스북(@djwondosim) 메시지로 신청하면 된다.

간덩이 컸던 제주 여행

태린이를 데리고 집을 나섰다. 갑자기 떠나는 것도 좋았다. 무작정 나가서 정처 없이 걷다 보면 어느 순간 여행의 흐름에 빠져든다. 겁이 없다고 흉볼 사람이 있을지도 모르지만 눈 하나 깜짝하지 않았다. 나에게는 그런 선택이 익숙하다. 아기와 둘만의 여행을 꿈꿨다. 남편이 지나가다 내 머리에 기저귀 뭉치를 떨어뜨리고도 사과를 하지 않았으니 고민 없이 떠날 수 있었다.

아기가 어려서 여행을 할 수 없다는 생각에 동의하지 않는다. 마음만 먹으면 충분히 가능하다. 나는 그렇다. 아이가 클 때까지 여행을 하지 말라고? 여행이라도 종종 해야 숨통이 트이는 사람들에게 산소 없이 살라는 말이다. 지금까지도 충분히 몸 사리고 참았다. 일상이 여행인 것처럼 그럴 듯하게 아기와 시간을 보냈지만 만족하지 못하는 순간이 있었다. 오늘은 문화센터, 내일은 친구집, 모레는 키즈카페 아니면 백화점을 내 집처럼 드나들었다. 집 앞 산책로와 놀이터도 매일 발 도장을 찍었지만 지친 마음이 쌓이면 어디든 멀리 가고 싶어졌다. 독박 육아는 그만큼 외로웠다.

누구에게도 구속되지 않을 먼 곳을 원했다. 우리만의 여행이라고 할 수 있는 곳. 바다를 가고 싶었다. 마음의 위안을 준 윤동주 시인의 '산골물'이 자극제가 됐다. 그래 바다로 가자. 비행기표는 저렴했다. 편도 티켓이 2만 원대. 비상금을 털어 여행하는 사람에게는 행운의 신호가 틀림없었다. 당일 티켓도 남아 있었으니 떠나지 않을 이유가 없었다. 버스를 타고 하루 한 군데만 가더라도 우리에게는 충분할 것 같았다.

티켓을 사고 부리나케 짐을 꾸렸다. 이것저것 가릴 시간이 없으니 마음껏 싸기로 했다. 짐이란 적을수록 좋지만 아기 짐은 뭔가 부족할까 봐 불안했다. 여유 있게 챙기지 않으면 꼭 부족했던 경험을 떠올리며 기저귀 짐을 두 배로 늘렸다. 해외도 아니고 제주도에도 마트가 있지만 만 원이라도 아끼고 싶었다. 집에서 김포공항까지, 제주공항에서 숙소까지는 택시를 탈 생각에 과감하게 중형 캐리어와 유모차를 들고 갔다.

'아기 접시랑 포크는 두 개씩 들고 갈까? 아기 주방세제는 필수지. 세탁세제는 가져갈까 말까. 내복은 얼마나 가져갈까. 빨래가 빨리 안 마를 수 있으니, 차라리 내복과 외출복을 여유 있게 넣자. 제주에서 유모차를 쓸 일이 있을까? 내 허리는 소중하니까 조금이라도 덜 안으려면 가져가야 해. 유모차는 좀 무리지 않을까? 아니야, 애를 재울 때도 잘 때도 필요하니 가져가자.'

우중충한 김포공항 분위기를 이겨내고 그토록 바라던 제주 바다를 만났다. 바다 냄새를 본능적으로 알아챈 걸까? 엄마 품에서 고이 자던 아이는 초롱초롱 해맑게 눈을 떴다.

"여긴 바다야. 바! 다!"라고 말해주는 순간
"바아~."

아이 목소리를 듣고 잠시 귀를 의심했다. 말을 쉽게 따라 하지 않았던 아이가 따라하다니. 아기 띠에서 내려주니 신나서 바다를 향해 뛰어갔다. 바람을 마주하며 질퍽거리는 모래를 걷는데 기분이 좋은 모양이다. 평생 바람맞을 순간이 얼마나 많은데 이 작은 아이는 벌써 센 바람을 즐겼다. 강하게 키우고 싶은 엄마지만 당황스럽기도 했다. 거센 바람이 불어와도 이날처럼 웃으며 이겨내길 아이 뒷모습을 보며 기도했다.

딸 아이와 단둘이서만 떠난 2박 3일 제주 여행.
말을 좀처럼 따라 하지 않던 아이가 처음 마주한 '바다'를 보고 따라 말했다.

아이는 먹기도 잘 먹었다. 여행 내내 잘 먹은 일은 우연이라고 하기에는 기적이었다. 새로운 음식을 접할 때마다 바닥에 던져버리던 아이는 사라지고 없었다. 소고기만 먹었던 녀석이 돼지고기를 냠냠 쩝쩝 씹어댔고 장난만 치던 국수도 연신 집어 입에 넣었다. 동진국수 고기국수는 유명한 대형 음식점보다 맛있었다. 아기용 멸치국수를 따로 주실 정도로 넉넉한 인심도 감사했다. 아기 먹는 모습에 가게 식구들도 미소 지으셨다. 과일주스도 처음 마셨다. 시장에서 사온 귤 주스를 줬더니 쭉쭉 들이켰다.

여행은 또 다양한 놀이를 경험시켜준다. 카페 같은 정적인 공간은 아이에게 지겨울 수 있지만 우리가 갔던 카페들은 대부분 바다가 보이고 공간 여유가 많아 그런지 나가자고 보채지 않았다. 카페 곳곳을 돌아다니며 진열된 소품을 슬쩍 만져보기도 하고 나란히 놓인 의자를 두드리기도 하며 시간을 보냈다. 아기의 북 치기 놀이에 다른 손님들도 물개 박수를 쳐주니 딸은 손바닥으로 의자를 더 힘껏 내리쳤다.

카페에 강아지나 고양이라도 있으면 동물 애호가 딸은 엄마에게 자유시간을 준다. 산책길에서 만난 애완견들과는 만남이 짧은 편인데 이곳에서는 오래 들여다볼 수 있으니 몰입도가 높았다. 아이랑 다니다 보면 놀거리를 제공하기 위해 순발력을 발휘해야 한다. 빨대도 놀잇감 중 하나였다. 컵 구멍에 빨대를 넣는 모습을 보여줬더니 잠시도 가만히 있지 않는 딸은 꽂기 놀이에 집중력을 발휘한다. 어느새 빨대 다섯 개를 한 구멍에 깔끔하게 꽂는다. 덕분에 나는 커피를 천천히 마시며 숨 고르기를 했다. 아이를 데리고 다니면서 나도 모르게 긴장을 했나 보다.

오래된 골목길 사이사이를 이끌린 대로 걸어 내려오다가 바다가 시원하게 보이는 테마거리까지 내려왔는데 이날따라 낮잠을 못 자고 보채던 아이는 유모차에서 내려주는 순간 표정이 180도 달라졌다. 노을빛 조명이 마음에 든 건지 확 트인 공간을 보고 흥분한 건지 모르겠지만 아이가 웃음을 되찾으니 엄마도 곧추 세웠던 신경을 단번에 내려놓았다.

바다를 만나러 갔던 우리 모녀는 기대치 못한 일몰 선물을 받았다. 제주에 머문 이틀 내내 우아한 자태로 하루를 마무리하는 해를 만났다. 첫째 날은 제주항이 보이던 올레길에서 숙명적인 인연처럼 마주쳤다. 아이가 잠든 터라 혼자 여행하는 기분을 누리며 훌쩍 떠난 순간을 감격스럽게 받아들였다. 한편으로 아이가 예쁜 하늘을 보지 못한 점을 아쉬워했다. 그 마음을 하늘이 읽으셨는지 다음 날에는 더 멋진 하늘을 만나게 해주었다.

숙소와 가까웠던 동문시장은 우리에게 맛있는 추억을 남겨줬다. 매일 발 도장을 찍었던 바다는 지친 마음을 지그시 일으켜주었다. 나는 육아의 고통을, 딸은 단유의 충격을 안고 있을 시기라 바다가 주는 기운이 그저 감사했다. 노을로 물든 하늘과 길은 미래에 펼쳐질 우리의 또 다른 여행을 축복해주었다. 2박 3일 우리의 첫 여행은 가슴 벅차게 마무리됐다. 애만 아프지 않아도 성공이다. 장염 기운이 약간 있었는데 밖에선 응가를 전혀 하지 않았던 딸, 바람을 많이 맞아도 감기 하나 걸리지 않은 딸, 엄마의 지친 마음에 어쩌다 끌려왔는데도 나보다 더 신나 했던 기특한 딸. 딸을 보며 반성했다.

'오늘도 널 보며 웃을 수 있었는데 엄마가 미안해.'

'엄마가 잘못했어.'

'다시 힘낼게.'

떠수니의 여행 육아 TIP

아기랑 단둘이 여행하면 벌어질 일

1. 중요한 준비물을 하나씩 빠뜨린다.

아침에 일어나자마자 숙소 주방을 찾아 매끼 먹는 소고기를 삶아 주고, 고기 일부는 보온병에 넣어 도시락을 준비한다. 즉석밥을 꺼내 조금이라도 더 먹이려 씨름하다 보면 한 시간이 훌쩍 지나간다. 대강이라도 씻고 최대한 꽃단장을 한다. 준비물을 가방에 후다닥 넣고 행선지로 이동한다. 빨리 나가려고 부산을 떨다 보면 카메라 배터리를 빠트리고 온 사실을 뒤늦게 알아차린다. 혼자 아이를 챙기다 보면 기저귀든 물티슈든, 메모리 카드나 배터리처럼 치명적인 준비물을 빼먹는다.

2. 국수 값 계산을 잊어버린다.

모녀가 동문시장 가게에서 고기국수를 맛있게 먹어놓고 계산을 하지 않고 숙소로 돌아왔다. 아기가 잘 먹는 모습을 보며 즐겁게 대화를 나누다 국수 값을 주고받아야 한다는 사실을 나도 직원분들도 잊어버린 것이다. 다음 날 비행기 타기 전 시장에 들러 국수 값을 드리고 왔다. 어찌 잊지 않고 챙기러 왔느냐는 질문에, "둘 다 정말 맛있게 먹었는데 안 내고 갈 수 없죠."라고 답했다.

3. 일정 욕심을 버리게 된다.

짐은 잘 덜어내지 못하지만 일정은 줄이는 여행자가 됐다. 계획 없이 급하게 온 여행인만큼 더더욱 아이에게 초점을 맞추자고 마음먹었다. 아기가 힘들면 엄마도 힘들고, 아기가 너무 피곤하면 결국 아프기 마련이다. 하루에 한 곳만 가기로 했다. 무리하게 일찍 나오지도 않았다. 욕심 부리고 오전부터 돌아다니다 오후 초반부터 지쳐 칭얼거릴 아기를 생각하며, 여행지에선 일찍 바다를 보며 커피를 마시고 싶다는 처녀 시절 로망은 과감하게 접어 두었다.

4. 혼자만의 시간이 생긴다.

숙소에서 출발할 때부터 유모차에 태웠더니 아이는 바로 꿀잠에 빠졌다. 비행기도 타고 숙소까지 이동하는 동안 피곤했던 모양이다. 엄마는 혼자 여행하던 시절로 돌아간다. 누구에게도 구속 받지 않았던, 지나고 보니 소중한 순간들. 나만의 시간이 마련되니 뭘 해야 할지 당황스럽기도 하다. 꼼지락거리다 가장 하고 싶었던 걸 하기로 했다. 제주항이 보이는 올레길을 마음 끌리는 대로 걷다가 와닿는 풍경을 카메라에 담았다. 동문시장에서 밥을 먹고 골목을 돌고 돌아 간식까지 먹고 돌아오는 길에도 아이는 한 번도 깨지 않았다. 숙소에 도착해서야 눈을 떴다.

아기와 단둘이 제주 여행 시 불편한 점

1. 아기 의자가 없을 가능성이 높다.

호텔 식당이나 단체 관광객을 받는 유명 식당이 아닌 이상 의자를 기대하기 어렵다. 차를 빌리지 않고 도보와 버스로만 다녀서 아이에게 좋은 식당을 골라 다니기가 어려웠지만, 주어진 대로 의자를 모아 아이를 앉히는 식으로 어떤 환경에서도 우리 모두 배를 잘 채웠다. 참, 포크와 숟가락, 아이용 접시도 매번 가지고 다녀야 한다.

2. 공항 검색대가 미워진다.

내 짐을 본 사람들은 어찌 다 들고 다니냐고 걱정했지만, 사실 짐 걱정은 하나도 하지 않았다. 오히려 공항 검색대가 곤욕이었다. 아기가 유모차에서 자고 있으면 그냥 통과시켜 주지만, 그렇지 않으면 애를 안은 채 유모차를 접어 검색대에 올려야 했다. 카메라 보조배터리 두 개와 태블릿PC까지 꺼내느라 나는 여행 초부터 만신창이가 됐다. 다시 짐을 꾸릴 때 애가 걸어 다른 곳으로 갈까 봐 몸도 마음도 바빠졌다. 수하물에 맡길 짐 말고는 최대한 가볍게 가져가는 게 정답이지만 비행기에서 먹을거리와 유혹할거리를 모두 챙기다 보면 이런 수고를 감행해야 한다.

3. 엄마의 샤워가 힘겹다.

엄마가 씻을 동안 아이가 떨어질까 봐 침대에 올려둘 수도 없고, 내려놓으면 쓰레기통이며 전선이며 이것저것 만질 가능성이 컸다. 아이도 엄마가 보이질 않아 불안한지 미끌거리는 화장실로 자꾸 들어왔다. 우리가 머문 숙소는 방과 화장실이 현관을 중심으로 'ㄱ'자로 분리돼 있었고 공간 사이사이 높낮이가 컸다. 욕실에 있는 나를 자꾸 보러 오는 딸이 발을 헛디뎌 다칠까 봐 젖은 몸으로 애를 몇 번이나 방으로 들여보냈는지 모른다. 결국 새로운 영상을 보여주고 1분마다 애를 확인하며 겨우 다 씻었다. 나체 상태로 아이 옆에서 물기를 닦았다.

전라도에서 남긴 진한 추억

갑작스럽게 찾아온 친정 아빠의 폐암 판정. 태린이를 낳고 친정에서 몸조리를 할 때였다. 누구보다 건강하셨던 아빠였기에 어안이 벙벙했다. 국내 최고 흉부외과 권위자를 찾아가 치료를 시작했다. 증상이 본격적으로 나타나자 폐암 3기였던 아빠를 어떻게든 살릴 생각만 했다. 영화 〈클레멘타인〉에서 경기 도중 쓰러진 아빠를 향해 딸 사랑이가 "아빠 일어나!"라고 외치는 장면이 떠올랐다. 눈물에 젖은 아역 배우 목소리가 내 마음을 수시로 울려댔다. 암세포가 가슴 중앙에 퍼져 나갈 기세인데도 가족들이 걱정할까 봐 힘들다는 말 한마디 하지 않던 아빠. 그 심정을 알기에 "부디 살아달라."는 말은 차마 내뱉지 못했다.

하루 종일 곁에 있으면서 잔심부름도 하고 먹는 것도 챙겨드리고 싶었지만 불가능했다. 갓난아기를 안고 있는 내가 그나마 할 수 있는 일은 병원살이 중인 아빠를 수시로 찾아 옆에서 떠들기였다. 하필 중동호흡기증후군(메르스)이 유행하는 시기였다. 강남삼성병원에 머물던 아빠를 보겠다고 6개월짜리 아기를 데리고 몇 번이나 병원을 드나들었는지 모른다. 어린 아기를 보며 간호사들은 더 위험한 호흡기 병동이니 되도록 오래 머물지 말라고 신신당부를 했다.

아빠의 폐 한쪽이 잘려 나가는 동안에도 태린이와 함께여서 수술 대기실에 오래 머물 수 없었다. 묵주를 돌려가며 "조금만 더 있다가…"라는 말을 반복하며 최대한 버텼다. 우리 아빠가 딸만큼이나 소중했으니까. 수술 날 아침에는 이유식을 막 시작한 아이 모습도 보여드렸다. 태린이가 한 그릇을 비울 때까지 아빠도, 그 옆에 있던 엄마도 아무 말없이 아이만 바라보았다. 태린이 자체가 아빠에게 희망이었다. 태린이를 바라보며 어떻게든 살아보려고 애쓰시는 아빠. 그런 눈빛을 슬쩍 읽을 때마다 가족 모두 눈물도 꾹꾹 눌러 삼켰다.

수술 이후 한 달 동안 인근 병원에 입원 중이셨을 때도 고민 없이 병실에서 시간을 보냈다. 외출을 하실 수 있으면 같이 따라나섰다. 각종 치료로 지쳐가던 아빠를 위해 동구릉 산책을 했던 날은 날씨도 참 좋았다. 메르스 공포 때문에 복잡한 강남대로가 사람도 차도 하나 없이 뻥 뚫린 날이기도 했다. 돗자리를 깔고 먹을거리도 챙겨 잔디에서 뒹굴며 여유를 부렸다. 태린이가 경험한 첫나들이였다. 아이한테 미안하면서도 '메르스 네까짓 것' 하며 애써 무시했던 이유는 아빠가 정신적으로도 무너지지 않길 바라서였다. 메르스가 기승을 부리던 동안 아빠는 폐렴까지 덮쳐 위험할 뻔했다. 메르스 검사를 두 번이나 받았다. 한편으로는 아빠를 잃을까 봐 이렇게라도 시간을 보내지 않으면 안 될 것 같은 무서움이 들이닥쳤다. 할아버지도 할머니도 건강하셨던 분들이 허무하게 하늘로 가셨으니까 말이다.

이후 친정 아빠는 고된 항암치료와 생사를 오갔던 대수술을 성공적으로 마치고 장성에 있는 펜션에서 요양을 하셨다. 편백나무로만 지어진 펜션이었는데 이곳에서 두 달 가까이 머무는 동안 우리도 자주 내려가 장성은 물론 고창, 영광, 정읍 등 인근 지역을 둘러보곤 했다.

펜션 뒷길로 조금만 걸어 올라가면 편백나무 숲이 나왔다. 거기서 텐트를 치고 시간을 보내면 우리가 이곳에 왜 있는지도 금방 잊곤 했다. 그렇게 아름답다는 백양사와 내장산 단풍을 직접 눈에 넣었고, 말이 필요 없을 만큼 훌륭하다는 전라도 음식도 입에 넣었다.

공기 좋은 곳에 머문 덕분인지 아빠의 기력도 점점 좋아졌다. 눈을 뜨자마자 손녀부터 찾고 체력이 닿을 때까지 태린이를 안아주는 일을 게을리 하지 않으셨다. 구절초 축제에 갔을 때였다. 산에 올라가며 사방에 퍼진 구절초를 구경하는 길에도 태린이를 안고 다니셨다. 아기 때부터 카메라 기피증이 있던, 까칠이 태린이는 할아버지와 함께라면

이쁜 미소로 카메라를 바라보았다. 아빠는 혼자서도 자주 찍어 달라고 요청하셨다.

팔딱거리는 손녀를 바라보는 미소는 강력한 자가치료제가 됐다. 틈만 나면 아이를 들어 올렸고, 서고 싶은 욕구를 채워주려고 손을 잡아준 채 눈을 맞추며 놀아주셨다. 그 마음을 아는지 태린이가 제일 먼저 뽀뽀해준 사람은 엄마도 아빠도 아닌 할아버지였을 정도다. 태린이는 7개월 전부터 "하부지 어딨지?" 하고 물어보면 1초 만에 할아버지를 향해 고개를 돌려 모두를 놀라게 했다. 그 정도로 둘 사이는 각별했다. 웬만해선 힘들다는 소리를 안 하시는 아빠도 놀아주시다가 "태린아, 할아버지 이젠 힘드네. 엄마한테 가자."라고 하는 순간이 왔다. 마지막 힘까지 태린이한테 쏟으셨구나 싶었다.

아빠는 수술 이후 폐 한쪽이 사라졌다. 수술 중 아빠 몸속에 있던 암세포들이 의료진의 예상과 다른 행보를 보이면서 그렇게 결정됐다. 암세포 크기를 조금이라도 줄이려고 수술 전 방사선 치료를 한 달 넘게 받았는데 워낙 건강했던 아빠 폐에선 암세포들이 대동단결이라도 하듯 단단하게 뭉치는 일이 발생했다. 너무 단단해서 폐를 제거할 수밖에 없었다. 레이저로 제거되어야 할 암 덩어리들이 플라스틱처럼 딱딱해져서 끄떡도 안 했던 것이다. 이제는 남아있는 아빠의 폐 한쪽이 우리에게 정말 소중하다.

폐 한쪽으로 숨을 쉬면 호흡이 절반으로 줄어 일상생활부터 벅찰 수밖에 없다. 조금만 걷거나 무리해도 숨이 차고 지친다. 폐 한쪽을 아예 없애면 원발암을 제거한 셈이라 암 재발 가능성은 매우 낮아지지만 폐렴 같은 질환이 닥치면 생명을 위협하는 더 큰 위험을 안고 살아야 한다. 몸이 조금이라도 피곤하거나 면역이 떨어지는 상황에 놓이면 감기도 쉽게 올 수 있어 조심해야 한다. 그런데도 아빠는 자신이 가진 체력의 최고치를 태린이에게 쓰고 계셨다. 수술한 지 두 달도 안 된 분인데 외출할 때면 운전도 늘 직접 하셨다. 그렇게라도 가족의 중심에 있고 싶으신 것 같았다.

장성 펜션은 사랑방 역할을 했다. 외가 식구들도 한 가족씩 시간을 내어 며칠씩 묵고 갔다. 논산에 계신 외할아버지와 외할머니도 몇 번이나 다녀가셨다. 엄마가 일 때문에 잠깐 자리를 비우고 포항 친정집에 가셨을 때는, 할머니는 큰 아들 같다던 아빠를 위해 냉장고를 채워주러 오셨다. 할아버지는 손주 사위도 배불리 먹여주신다고 고창에 있는 백합 전문 식당에 데려가 모든 메뉴를 주문해 주셨다. 평생 먹을 백합을 그날 다 먹은 것 같다.

둘째 이모네가 내려오는 날은 사람 사는 맛이 났다. 이모부는 언제나 그랬듯이 아빠에게 다정한 말동무가 되어주셨다. 오실 때마다 펜션 연못에서 낚시를 해 월척을 선보이셨다. 그 물고기로 엄마는 기가 막힌 매운탕을 끓여주셨다. 매일 같이 바베큐 파티를 열고 늦게까지 수다 삼매경에 빠졌다. 시끌벅적 기분 좋게 고기와 대하를 굽고, 고구마도 구워가며 밤늦게까지 떠들고 놀았다.

온 가족의 사랑방이었던 장성 펜션
손녀를 보며 삶의 의욕을 가지셨던 친정 아빠

이모들이 내려오면 맏이인 엄마는 더 풍성하게 상을 차렸다. 못다 한 이야기를 나누다 밤새 시간을 보내곤 했다. 대장암 수술을 한 지 7년째인 둘째 이모는 이모부와 틈틈이 여행 다니며 추억 쌓기 중이었다. 이모가 결혼하기 전에 우리랑 살았던 정도 있지만 아빠한테 워낙 애교 많은 이모여서인지 아빠와 함께 있을 때면 나도 모르게 안심이 됐다. 큰 수술을 이겨내고 밝고 건강하게 지내는 이모와 함께 있으면 아빠도 편안해 보였다.

엄마가 포항에 잠깐 가 계실 때, 우리 세 식구는 더 오래 장성에 있었다. 한창 알록달록 예쁜 단풍을 상상만 하라는 것인지, 닷새 연속 날이 흐리고 비만 추적추적 내렸다. 그럼에도 우린 차를 타고 여기저기 잘 다녔다. 엄마가 돌아오셔서 내장산에 올랐던 날은 비가 내려도 좋았다. 남편은 외장 플래시까지 들고나가 자세부터 포토제닉인 부모님을 멋있게 찍어 드렸다.

부모님은 축축한 단풍 길을 걸을 때면 아기를 안고 있는 내가 미끄러질까 봐, 품에 있는 아이가 추울까 봐 수시로 챙기셨다. 애 안고 있느라 번거롭고 더운데도 엄마는 두르던 스카프를 나에게 둘러주셨다. 아빠는 자신의 캡 모자도 내게 씌워주셨다. 부모님 사랑 덕분에 심각한 패션 테러리스트가 됐지만 말이다.

손주를 바라보며 살 의지를 굳건히 다진 아빠가 감사할 따름이다. 돌잔치 때 손녀의 성장 동영상을 보시고 아빠는 눈물을 훔치셨다. 그날 운 사람은 한 둘이 아니었다. 우리 엄마는 영상이 재생되는 10분 내내 눈이 퉁퉁 부을 정도로 눈물을 쏟았다. 이모들도 고모들도 모두 눈물을 흘렸다. 태린이가 태어나 자란 12개월은 할아버지를 살려낸 시간이었다. 아이가 유독 외할아버지를 따르고 좋아해서 그 시간들이 아름다울 수 있었다. 태린이는 장성에서도 아픈 곳 없이 잘 먹고 잘 자고 잘 놀았다. 마치 할아버지를 위해 태어난 아이처럼 걱정거리를 만들지 않았다. 우리 아빠를 살려준 참 고마운 내 새끼.

장기 휴가를 자주 내서 아빠를 향한 나의 마음을 챙겨준 남편에게도 진심으로 고맙다. 서울 서쪽에서 강남까지 아빠를 모시고 진료를 다녔다. 모든 상황이 혼란스러운 엄마 옆에서 교수님 설명도 꼼꼼히 챙겼다. 검사하는 날에도 일일이 옆에서 아빠를 살폈다. 아빠에게 도움 되는 영상이 있으면 노트북에 연결해서라도 바로 보여드렸고 폐암 환우와 가족들이 남긴 후기 몇 백 편을 읽고 브리핑을 했다. 어찌 보면 아빠를 살리려는 마음이 나보다 한 수 위였다. 그때부터 부모님은 남편을 친아들처럼 여기셨다. 남편이 미운 순간에도 그때를 떠올리면 모두 용서가 된다. 나도 시부모님을 그렇게 예쁜 마음으로 내 부모처럼 사랑하겠다고 마음먹었다.

돌이켜 보니 아이를 낳고도 값진 여행을 많이 해왔다. 처음에는 부모님과 함께 열심히 국내 곳곳을 다녔는데 그건 효도지 여행이 아니라고 생각했다. 나 홀로 배낭 여행만 갈망했던 터라 잠시 잊고 있었다. 혼자 돌아다니다가 외로워서 고독했던 순간을. 여행 중 엄마 목소리에 뭉클해하고, 할아버지와 동네 뒷산도 자주 못 갔던 일이 후회로 남아 목 놓아 울던 날들을. 스페인 산티아고로 향하는 순례길에서 가족을 애타게 그렸던 한 걸음 한 걸음을 까맣게 잊고 혼자만의 여행 타령만 해댔다. 어리석게 말이다.

여행은 어떤 식으로든 자꾸 가야 한다. 지난 나의 깨달음도 수시로 되뇔 수 있도록 말이다. 할아버지 할머니가 돌아가시고 나니 함께했던 순간들이 늘 내 삶 곳곳에 남아 좋은 영양분이 되어주었다. 우리 아이들도 가족과의 시간을 평생 추억하며 언제나 바른 사람으로 커나가길 바란다. 언제가 마지막이 될지 모르겠지만 서로 사랑할 시간이 많이 남아 있기를.

"아빠, 우리 곁에 계셔주셔서 눈물나게 감사해요."

출산 여행이라 쓰고 눈물이라 읽는다

둘째 출산 예정일이 다가올수록 복잡한 심경이었다. 아기를 만날 생각에 설레면서도 빠듯한 삶을 살고 있는 우리 부부가 두 아이를 정신적으로 육체적으로 건강하게 잘 키울 수 있을지 마음이 무거웠다. 가장 큰 걱정은 첫째 태린. 말도 제대로 안 트인 태린이가 서운한 마음을 표현하지 못하고 마음만 다치진 않을까 걱정이 됐다. 떼쓰기 한창인 아이라 더욱 조심스러웠다. 두서없이 육아 서적을 뒤져보고 언어 치료도 고려했다. 한편으로는 출산이라는 명분으로 조리원에 있으면, 육아와 가사 노동에서 잠시 해방될 수 있다는 철없는 기다림도 있었다. 조리원이 마지막 휴가지일지도 모르니까. 여자 마음은 참 알 수 없다지만 정작 내 마음조차 읽을 수 없는 복잡한 무엇들이 나를 단단하게 둘러싸고 있었다.

아기는 태어나자마자 우렁차게 운다. 태린이는 그러지 못했다. 내가 힘을 쓰지 못하고 정신을 잃는 동안 아이도 지쳐서 울 힘이 없었기 때문이었다. 엄마의 마지막 힘을 오래 기다리면서 양수도 많이 마신 터라 엄마한테 안겨 보지도 못하고 대학병원 집중치료실로 급하게 옮겨졌다. 모든 검사 결과, 정상 소견을 받고 닷새 만에 엄마 품으로 돌아왔지만 한동안 죄책감에 시달렸다. 힘을 몇 번이나 더 줘야 아기가 나올지 감이 없었지만 엄마인 내가 아파도 더 참고 견뎌야 했다. 험난했던 출산 경험이 두고두고 마음에 걸려서 '둘째도 자연분만'이라는 목표는 애당초 없었다. 별문제 없이 아기가 엄마 품에 바로 안길 수 있기만을 분만실에 있는 내내 기도했다. 진통이 느껴질 때마다 태린이 사진을 보며 묵주 기도를 드렸다. 수목원에서 환하게 뛰어 노는 사진은 큰 힘이 됐다. 드디어 분만 임박. 같은 실수를 하지 않도록 힘을 아꼈다. 쓸데없이 앓는 소리를 자제하고 정성껏 숨을 내쉬었다.

너희는 걱정하지 말라. 하느님을 믿고 또 나를 믿어라. 내 아버지 집에는 있을 곳이 많다. 그리고 나는 너희가 있을 곳을 마련하러 간다. 만일 거기에 있을 곳이 없다면 내가 이렇게 말하겠느냐?

(요한 14, 1－2)

아기 머리가 보이기 시작하자 후들후들 참기 힘든 고통이 느껴졌지만 아기가 훨씬 힘들 거라는 생각만 하면서 버텼다. 진통 간격에 맞춰 "히 – 히 – 후" 호흡을 열심히 하며 아래로 힘을 주는 순간 머리가 나왔고, 몸통에 이어 다리까지 쭉 나왔다. "응애~ 응애~" 첫째 난산의 대가로 주님은 복을 주셨다. 가족분만실에 들어간 지 2시간도 안 돼 둘째를 낳았다. 이 정도면 고속열차를 탔던 셈이다. 태린이를 낳을 적에는 12시간이나 걸렸으니까.

뜨거운 몸 덩어리가 가슴 위에 올려지자 바보같이 울음이 터졌다. 태린이한테 진 빚을 조금이라도 갚은 기분이었다. 태린이 때도 고생했던 주치의 원장님도 가슴 벅찬 표정을 지으셨다. 이렇게 우리 왕자님 태윤을 만났다. 지독했던 골반통도 없어서 무통 효과도 누릴 수 있었다. 같은 몸인데 고통 정도는 왜 다를까? 직장생활을 한창 할 때도 부실한 몸으로 유명했던 내가 딱 네 번 힘을 주고 아이를 낳았다니 아직도 믿기지 않는다.

출산을 무사히 마치고 분만실 앞에서 발을 동동 구르던 친정 엄마와 눈을 맞추던 순간, 감사함이 더해졌다. 엄마도 나도 둘 다 말없이 훌쩍거리며 고개만 계속 끄덕거렸다. 몸짓만으로도 마음이 충분히 전달됐다. 진통이 시작됐다는 소식에 새벽 2시에 포항에서 서울로 달려와 병원 가기 전까지 밥상 차려주던 엄마. 엄마의 사랑과 기운 없이는 불가능했을 기적이다.

점점 배불러 지쳐가는 엄마한테 서운했을 태린이는 병원에 누워 있는 엄마를 보고도 떼 한 번 부리지 않았다. 특별한 상황을 이해하고 있었다.

"엄마가 동생을 낳아 병원에 있는 거야!"라고 말해줘도 알아들을까 반신반의하며 지냈거늘 그 상황 자체를 고스란히 받아들이는 모습이 대견했다. 며칠 전까지 놀아달라고 엄마 배 위에서 미끄럼을 타던 녀석이 맞나 싶을 정도로 나를 조심스럽게 바라보았다. 곁에 오지도 않고 눈도 안 마주쳤다. 엄마한테 달려와 집에 안 가겠다고 울먹이는 모습을 보였더라면 마음이 덜 쓰렸을지도 모르겠다. 병원에 온 아이를 집에 돌려보내기 전에 마음껏 안아주고 싶었는데 아이 아빠와 친정엄마는 팔목 나간다고 부리나케 말렸다. 몰래 안아 보았다. 그 순간에는 내 몸보다 아이가 더 소중했다. 엄마가 두 손 크게 벌리니 조심스럽게 다가와 가슴에 꼭 안겼다. 가슴 깊이 서로를 끌어당겼다. 딸아이의 가슴 진동이 내 가슴에 고스란히 전달됐다.

드디어 기다리고 기다리던 조리원 생활이 시작됐다. 많은 우려와 다르게 우리 딸은 정말 기특하게 생활했다. 손목터널증후군으로 수술 일정을 잡아 놓은 엄마는 그럼에도 불구하고 태린이를 수시로 들어 올리고 씻기면서 물놀이까지 시켜주셨다. 한우와 생선 등 고단백 재료로 한 끼도 거르지 않고 아이 입에 넣었다. 약과 간식도 부지런히 챙겼다. 외할머니 정성에 태린이는 엄마가 없는 사이 체중이 2킬로그램이나 늘어 오동통해졌다.

동생은 이모 껌딱지가 된 태린이를 하루 종일 놀아주며 안고 다녔

분만 2시간 만에 만난 둘째와
누워 있는 엄마를 보고 울먹이는 첫째

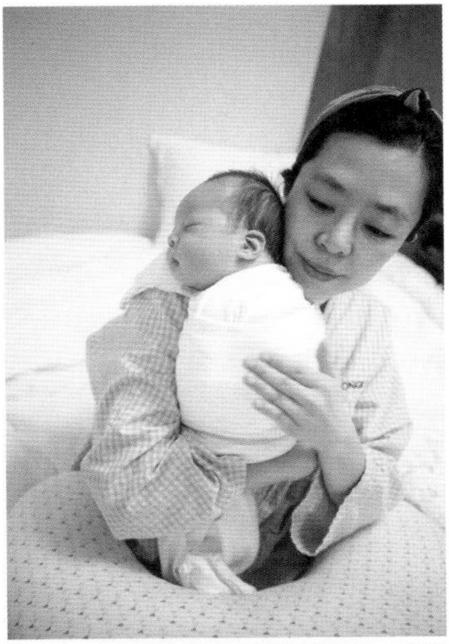

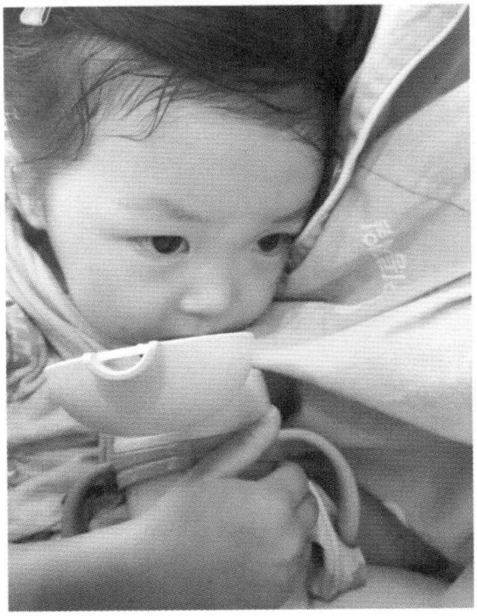

다. 태린이에게 이모는 엄마보다 더 좋은, 세상 최고 존재였다. 어린 아기가 갑자기 집에 오면 거부감이 생긴다는 말을 듣고 태린이에게 태윤이 영상을 수시로 보여줬다. 일이 없는 날에는 집에 와서 태린이와 조금이라도 더 놀아주려 했고 형부한테 밥도 차려주었다. 여섯 살 아래 동생이지만 속이 깊은 동생이었다. 내가 할 일을 도맡아 해주는 친정 식구들 덕분에 내 몸 하나 쉬겠다고 욕심을 부리고 자리를 비울 수 있었다.

친정 엄마와 동생이 일 때문에 자리를 비울 때는 조리원을 몇 번이나 뛰쳐나올 뻔했다. 맛깔나게 나오는 조리원 음식을 먹으며 혼자 실컷 책 읽을 시간을 꿈꿔온 나는 어디 갔던가. 눈 딱 감고 내 몸 하나 챙기고 싶었던 욕심이 싹 달아나버렸다. 남편이 실시간으로 보내주는 사진을 보며 하루 종일 눈물바람이었다. '신은 우리 가족에게 애절함을 알려주시는 걸까.' 둘이서 나 없이 살고 있다는 생각을 하니, 함께할 수 없다는 현실이 잔인하게 느껴졌다. 남편도 모처럼 든든하게 느껴졌다.

어린이집에서도 씩씩하게 놀고 있다는 소식에 오히려 슬퍼졌다. 엄마가 곧 돌아온다는 사실을 모를까 봐 마음이 아팠다. 어린이집 선생님들도 정성으로 돌봐주고 있지만 내 눈에는 왜 '엄마 없는 아이' 같아 보이는지. 아이는 엄마가 없는 상황을 자연스럽게 받아들이고 있었다. 더 애잔했다. 이모까지 없는 날에는 엄마의 부재가 마구 느껴지는지 가라앉아 보였다.

태린이가 처음이자 마지막으로 조리원으로 면회를 왔다. 낯선 환경에 보채던 아이는 엄마를 보자마자 달려와 안겼다. 우리는 N극과 S극이 붙는 필연성을 증명이라도 하듯 강하게 끌어안았다. 다시 떨어져야 한다는 사실을 아는지 내 목덜미를 한참 휘감고 있었다. 양쪽 눈에서 눈물을 흘리던 나도 겨우 정신을 차리고서 말을 꺼냈다.

"엄마는 태린이 얼굴이 정말 보고 싶은데……."

아이는 그래도 내 목만 붙잡고 있었다. 며칠 전만 해도 감정을 조절했던 녀석이 마음을 조금이라도 드러낸 거다. 조리원 생활을 마무리하고 집에 돌아와 약을 먹이는데 아이 얼굴을 보니 뭉클해졌다. 고작 2주 반이 지났는데 얼굴도 커지고 키도 훌쩍 컸다. 밥도 스스로 잘 먹고 양치질도 좋아하고 뭐든지 척척 알아서 하는 아이가 됐다.

다들 겪는 경험이지만 첫째를 정말 힘들게 만났던 우리 부부에게는 둘째 출산은 참으로 기적이었다. 병원에 도착하자마자 무통주사를 맞았고, 그 덕분에 힘든 진통을 느끼지 못한 채 기도에 집중할 수 있었다. 분만실에서도 가족들과 웃으며 대화를 나눴다. 촉진제가 투입됐는데도 예전과 달리 지옥을 경험하지 않았다. 돌이켜보면 바라던 일들이 바로 이루어진 적이 없었다. 간절한 마음으로 안간힘을 쏟았는데 행운은 언제나 나와 거리가 멀었다.

오랜 시간 이를 악물고 애쓰고 노력하고 인내해야 조금이라도 인정받고 살아남았던 나인데, 뱃속에서 나온 두 아이 모두 건강하게 태어나 큰 탈 없이 자라고 있다니. 그건 분명 뜻깊은 신의 메시지였다. 남편과 잘 살아보라는 운명론을 믿어보기로 했다. 출산하러 집을 떠나 있는 동안 조금 더 어른이 됐다. 임신과 출산은 신비롭고 아름다운 과정이다. 또 삶에 영혼을 주는 일이다. 감사한 마음과 값진 눈물에 힘입어 앞으로도 밝고 지혜롭게 아이들을 키우겠다고 다짐한다.

주님을 위해서 일하다가 감옥에 갇힌 내가 여러분에게 권고합니다. 하느님께서 여러분을 불러주셨으니 그 불러주신 목적에 합당하게 살아가십시오. 겸손과 온유와 인내를 다하여 사랑으로 서로 너그럽게 대하십시오. 성령께서 평화의 줄로 여러분을 묶어 하나가 되게 하여주신 것을 그대로 보존하도록 노력하십시오.

(에페 4, 1-3)

배불뚝이,
340킬로미터를 달리다

엄마 사람은 심신이 지칠 때가 주기적으로 오나 보다. 하필 마음이 유리 같을 때 남편이랑 사소한 일로 다툰다. 상한 마음이 좀처럼 쉽게 풀리지 않아 방황한다. 남편은 늘 그랬듯이 다독여주지 않고 어떤 말도 하지 않는다. 남자들은 미안하다는 말도 잘 못한다지만 그런 모습에 유독 용서가 안 될 때가 있다. 아이들은 하루 종일 엄마한테 달라붙으려고 하니 체력까지 탈탈 바닥난다. 빡빡한 지갑 사정을 알고도 머릿속은 온통 여행 생각뿐. 도망치듯 멀리 여행을 떠나고 싶다. 그런 날들이 아니나 다를까 또 올 때면 구례가 내게 주었던 선물을 다시 떠올리며 지친 마음을 다독여보곤 한다.

삶에 물질적인 요소를 자꾸 끌어들이다 보니 아이 하나 키우면서도 스트레스를 꽤 받았다. 돈이 없어서 포기해야 하는 것도 많았고 가혹한 현실에 마음을 크게 비워야만 했다. 결국 남편이 미워지기 시작했다. 법정 스님께서 안으로 충만해지는 일이 인생에서 중요하다 하셨거늘, 조촐한 삶과 드높은 영혼을 지녀야 행복할 수 있다고 하셨거늘, 알고도 왜 마음을 바로잡지 못했던가. 아이들과 꿈꾸던 세계여행도 허름한 여정이 아니던가. 코웃음 나는 고백이지만 학창 시절부터 제일 좋아하던 책도 《무소유》였다.

조르주 페렉의 《사물들》을 매일 끼고 읽으며 부富 따위에 압도당하지 말고 나만의 행복을 지키겠다며 깨달았던 시간들이 허무할 정도로 무색해졌다. 1960년대 프랑스를 그린 이 소설은 주인공 제롬과 실비가 소유의 행복을 갈망하면서 겪는 좌절을 현대인들도 격하게 공감할 정도로 자본주의 사회를 생생하게 묘사하고 있다. 물질적이고 경쟁적인 사회에서 아이를 어떻게 키울까만 생각했지, 엄마로서 마음을 어떻게 다스려야 할지는 바쁜 일상을 핑계로 대충 넘어가고 말았다.

두 아이 엄마라는 타이틀로 마음만 무거웠다. 자신을 추스르고 돌보기도 버거웠던 터라 봄만 애타게 기다렸다. 집에서 멀어질수록 지금의 내가 제대로 보일 거라고 믿었다. 따뜻해지면 홀가분하게 떠날 수 있으리라 기대하고 있었지만 어느덧 잔인한 여름이 와버렸다. 나를 둘러싼 모든 상황이 두려워졌다. 떠나야 할 때 떠나지 못한 답답함이 체지방이 온몸을 휘감듯 기분을 망쳐댔다. 둘째가 태어나기 전에 송곳이 된 나를 꼭 한 번 다스려야 했다. 남편과 다퉈서 파도가 거세게 일렁일 때마다 나 같은 여행 중독자는 밖으로 나와야 진정이 됐다.

시부모님이 남편 몰래 큰돈을 부쳐주셨다. 돈이 들어오자마자 짐을 싸고 동네 주유소에서 기름을 가득 채웠다. 하원한 아이를 태우고 다시 시동을 걸었다. 남편한테 며칠 알리지 않을 예정이니 '석夕반도주'가 따로 없었다. 구례까지 얼마나 걸릴지는 알지 못했다. 전주 근처라고만 생각했다. 그렇게 멀 줄이야. 드넓은 평원 위를 몽롱하게 떠가는 기분 탓이었는지 도착거리가 쉽게 줄지 않았다. 운전하면서 혀를 몇 번이나 찼는지 모른다.

떠나기 하루 전에 프랑스어 스터디 멤버들과 책거리를 하는 자리에서 강릉이든 전주든 무작정 떠나겠다고 선언했다. 다들 말렸다. 7개월 차 임산부였고 혼자 운전해서 아이까지 데려가겠다는 나를 말려야 바람직하긴 했다. 간절한 마음을 읽은 채정 오라버니가 언니처럼 대화 나눌 사람을 소개해주겠다며 정해진 일정이 없으면 프랑스 유학파 출신 작가님이 운영하는 숙소로 가보라고 권했다. 그래서 가게 된 곳이 바로 구례였다.

구례는 사람을 차분하게 만드는 곳이었다. 연고 하나 없어도 불편한 기색 하나 주지 않았다. 둘러싸고 있는 지리산 자락은 기다렸다는 듯 하느님 품처럼 따뜻했다. 앞에 흐르는 섬진강은 친정집처럼 은은한 물결로 노래를 불러주었다. 오대산과 또 다른 포근함으로 나를 있

는 그대로 감싸주었다. 숙소 주인인 이현주 작가님까지 몇 년 만나온 사이처럼 따듯하게 챙겨주니 긴장도 풀렸다.

아이가 낮잠에 들면 주변을 즐길 시간이 찾아왔다. 그 마을의 색깔이나 공기, 지나가던 사람들이 전해주는 온도까지 온몸에 느껴졌다. 그때서야 온전히 나에게 집중할 수 있었다. 섬진강을 끼고 쌍계사로 가는 길에도 태린이가 잠든 덕분에 나만의 시간을 가질 수 있었다. 눈앞으로 떨어진 한 줄기 빛을 보며 순간의 행복을 느꼈다.

전통찻집에 들러 잠든 아이를 눕히고 조용하게 시간을 보낼 때였다. 사장님도 자리를 비우시고 아무도 없는 공간에 앉아서 멍하니 밖을 바라봤다. 삼면이 통창인 장소에서 바람이 나무를 좌우로 흔들며 다독거리는 모습을 보고 있으니, 눈물이 와르르 쏟아졌다. 손에 쥐고 있던 《내 옆에 있는 사람》이 굳게 닫혀 있던 마음을 열리게 해줬다. 행복에 대한 기준이 높아지면, 그 욕구 또한 강렬해지는 것, 그 또한 사랑이 여행과 닮은 점이라는 이병률 작가가 남긴 말. 어느 순간 어두웠던 마음의 구름이 환하게 걷혔다. 미운 마음도 사르르 녹았다. 줄곧 멋진 결혼 생활을 꿈꿔왔는데 생각한 그림대로 흘러가지 않아 답답했나 보다. 욕심이 눈물과 화를 이끌었는지도 모른다. 때마침 프랑스어 스터디 멤버 까뮤 언니가 내 감정 상태를 감지하고 연락이 왔다.

"셀린 무슨 일 있니? 혼자서 그 먼데까지 갔어…. 홀몸도 아닌데…."

"남편이랑 진짜 헤어져야 하나 진지하게 생각해보려고 도망부터 왔어요. 잘 살고 싶었을 뿐인데 실망만 커졌지 뭐예요. 그런데요, 언니 제가 너무 욕심을 부렸나 봐요. 남편을 진짜 사랑한다는 걸 여기서 깨닫고 있어요."

"결혼은 현실이야. 사랑이라는 형태도 여러 가지라 사랑을 두고 상대와 내가 가지는 관점은 아주 다를 수 있다는 것을 나도 한참 후에 알았어. 극단적인 생각은 일단 접고 마음을 들여다보는 시간을 가져 봐. 남편을 버리는 연습을 하는 대신 나를 찾는 연습을 하다 보니 또 삶이 그렇게 흐르더라. 사랑했던 만큼 아픔이 배가 되는 건 맞아. 결혼은 그래서 늘 갈등이지. 어린 셀린(프랑스어 스터디 모임 몽싹에서 불리는 닉네임)이 감당하기에 힘든 현실일 거야. 잠시 마음을 내려놓아 봐. 내려놓을 것이 많더라."

언니와 진지한 대화를 나누다 남편에게 여행 사흘 만에 생사 여부를 밝혔다.

"미안해. 어쩌다 멀리 와버렸어. 내가 당신을 정말 사랑하나 봐. 그래서 더 욕심 부리고, 마음대로 잘 안 되면 너무 속상하고 그랬어."

"어서 돌아와~ 어디야?"

떨어져 있는 며칠 동안 서로 반성했고 더 사랑하는 법을 고민했다. 우리 부부는 한 걸음씩 다가가 예쁜 대화를 나누기 시작했다. 각자의 돌만 들어 올리던 우리 모습은 온데간데없이 사라졌다. 남편은 다음 날 첫 기차를 타고 구례로 달려왔다.

결혼하고 나면 반려자에게 베풀기보다 의지하고 싶은 마음이 상대적으로 커진다. 그러다 결국 미워진다. 내가 더 사랑해주고 관심을 가져주면 될 텐데 왜 자신을 위해서만 욕심을 부릴까. 상대 마음을 먼저 열어주면 될 것을. 그제야 사람을 변화시키려면 한 마디 옳은 말보다 사랑과 관심이 더 필요하다는 혜민 스님의 말씀이 떠올랐다. 이보나 흐미엘레프스카Iwona Chmielewska 작가 그림책《두 사람》에서 말했던 것처럼 두 사람이 함께 사는 것은 함께여서 더 쉽고 함께여서 더 어렵다. 결혼 생활은 파도를 헤쳐 나가는 과정이지만, 부부는 돛과 돛대처럼 각별한 존재이다. 더불어 부모로서 감정을 스스로 잘 다스려 아이들을 바르게 이끌 의무가 있다. 아이를 어떻게 키울까보다는, 내가 가진 내면을 어떻게 다스려야 할까, 어떻게 행복해질까를 앞으로도 더 고민하며 지내기로 마음먹었다. 무엇보다 엄마가 행복한 모습을 아이에게 많이 보여주고 싶다.

구례 여행을 다녀와 까뮤 언니가 쓴《아버지의 꽃지게》를 읽고, 언니가 어찌하여 그토록 강인한 여인이 됐는지, 남편이 미워도 두 아이를 보며 자신을 일으키는 삶을 살았는지 이해됐다. 또, 나도 언니처럼 글로 이야기를 써내려가며 무거운 인생을 가볍게 내려놓을 수 있다는 희망을 얻었다.

여행은 매번 깨달음을 준다. 시작과 끝 어딘가에서 한 단계 성장할 기회를 얻는다. 깨달음이 우리에게 전해주는 유효기간이 무섭게 짧아져도 여행은 알게 모르게 조금씩 어른으로 만들어준다. 어떤 풍경에 위로받을지 상상도 못 한 채, 그저 멀고 먼 곳으로 달려갔다. 이런 내가 모처럼 마음에 들었다. 아이 손 잡고 훌쩍 나서면 그만인데 왜 망설였을까. 마음을 건잡을 수 없을 때 더욱 더 여행이 간절해진다. 끼니를 거르면 언젠가 탈이 나게 마련이다. 여행도 제때 떠나야 옳다. 구례 여행은 우리 부부의 갈등을 아물게 해준 좋은 계기가 되었다. 마음을 다잡아준 까뮤 언니, 고마워요.

종합 선물 세트, 구례

어쩌다 발걸음한 구례는 태린이가 좋아하는 것만 모아둔 종합 선물 세트였다. 새들과 곤충들, 바람 소리가 들려주는 배경 음악은 실내악과 다름없었고, 곳곳에 피어 있는 민들레와 각종 풀들은 금세 친구가 되어주었다. 마당에서 뛰어놀던 강아지들과는 끈끈한 인연을 맺었다. 숙소 주인, 지역 주민들과 눈을 맞추고, 마당에서 노는 강아지와 마음을 나누었다. 눈에 들어온 초록 세상이 마음에 들었는지 땀을 뻘뻘 흘리며 언덕길을 오르내리면서도 미소를 머금었다. 역시 태린이는 럭셔리 호텔보다 시골을 좋아하는 아이였다. 무엇보다 자기만 바라보는 엄마 눈빛에 가슴 벅차 했다. 구례는 우리를 기다리고 있었던 걸까. 어딜 가도 사람이 없어서 우리 모녀는 마음 편히 각별한 시간을 가질 수 있었다.

화엄사 & 쌍계사

첫날 방문지는 화엄사, 그다음 날에는 하동 쌍계사였다. 사천왕상을 거부감 없이 바라보는 딸을 보니 7개월 차 임산부는 안심이 됐다. 태린이는 예상대로 절을 좋아했다. 흙, 돌, 맑은 공기, 탁 트인 공간, 둘러싼 푸르른 산, 풍성하게 우거진 길쭉한 나무들, 새들이 소박하게 부르는 예쁜 노래, 주차장에서부터 이어지는 숲길, 도시에서는 찾아보기 힘든 특별한 숨바꼭질 공간, 체력훈련장을 방불케 하는 높은 돌계단 등등. 아이 입장에서는 모든 게 즐길거리였다.

아이는 스스로 놀거리를 찾았다. 돌을 하나하나 주워 모아 높게 쌓기도 하고, 바닥에 기차와 사자를 만들기도 했다. 만드는 기쁨이 넘쳐날 때마다 엄마한테 기념 삼아 돌을 하나씩 쥐어 주었다.

길을 가다가 풀에게도, 계단을 오르다가 키가 큰 나무에게도, 땅바닥에 열심히 걸어 다니는 개미에게도 상냥하게 인사를 건넸다. 사람에게는 까탈스러운 아이인데, 동식물에게는 마음을 참 잘 내어주었다. 그림책《마음이 퐁퐁퐁》속 주인공인 돼지 같았다. 말이 느린 아

이가 유독 잘하는 말,

"나무야 안녕? 나 태린이야."

나는 그저 적당한 거리에 앉아서 바라만 보았다. 다른 지역 관광지처럼 사람이 붐비지도 않으니 공간이 넓어도 아이를 잃어버릴 일은 없었다. 다른 분에게 피해를 주거나 위험할 일이 있을 때만 먼저 나섰다.

곤란한 상황이 오긴 왔다. 물만 보면 눈이 돌아가는 우리 딸, 놀잇감을 제대로 만났다. 약수터에서 파란색 바가지로 물을 퍼서 빨간색 바가지로 옮겼다. 지겹지도 않나, 50번도 넘게 물을 옮겼나 보다. 다행히 물을 마시러 온 분들이 눈치주지 않고 오히려 미소 지어 주셔서 감사의 눈빛을 보냈다. 바닥에 물구덩이가 크게 생길 때쯤, 아이의 놀이를 중단시켰다. 운동화는 물론 바지까지 홀라당 젖어버렸다. 잠시 불어오는 산바람에 코감기가 더 심해질까 봐 다른 놀이로 유혹했지만 끄떡도 하지 않았다.

상의만큼은 안 젖기를 바라서 아이를 머리 위로 들어 올려 약수터를 빠져나왔다. 내려놓자마자, 돌바닥에 누워 울고불고 난리를 쳤다. 하필 대웅전 앞이었다. 남자 한 분이 태린이 편을 들어주었다. "괜찮아요! 그냥 놀게 둬요!" 억울했다. 30분 넘게 아이를 자유롭게 놓아주었던 나였지 않나. 한편으로는 아이가 물구덩이를 만들었는데도 아이 입장에서 말씀해주시니 감사하기도 했다.

울고불고 난리치는 와중에도 "태린아, 엄마는 또 재미있는 거 찾으러 갈 거야. 동물을 찾아볼까?"라고 말한 뒤 앞서 천천히 움직였다. 떼쓸 때 써먹는 나만의 전략이다. 엄마가 두고 가기라도 할까 봐, 같이 가자며 금세 따라붙었다. 쌍계사는 아이랑 숨바꼭질 하기 딱 좋았다. 미로 찾기를 하듯 문과 건물, 나무 사이사이로 아이한테 티 나게 몸을 숨겼다. 엄마를 발견하는 재미에 빠지면서 약수터 사건을 조금 잊어버린 듯했다.

대웅전 뒤편 외벽에 그려진 호랑이를 보더니 본인이 울었던 순간을 까맣게 잊은 모양이다. 절이니까 동물이 어딘가에서 나올 줄은 알았는데 이렇게 금세 나타날 줄이야. 호랑이가 나를 살렸다. 이번에는 커다란 나무통 위로 올라선 아이 손을 잡고 "하나~둘~ 조심조심, 셋~넷~ 조심조심…."

그러는 와중에 맞은편에 보이는 전각으로 들어갔다. 신발을 신은 채 안으로 들어가더니 목탁을 만진다. 건드리면 안 되는 줄 알면서도 장난기 서린 얼굴로 목탁을 들고 두드렸다. 지나가는 분들이 "어머, 아이가 목탁 치고 있어."라며 웃으며 말씀해주셨지만 나는 어서 나오라고 호들갑을 떨었다. 하면 안 되는데 해보고 싶었던 아이, 몇 번 치다 말았지만 '청개구리 효과'는 예상과 달리 좋았다.

구례 여행에서 항상 마음속에 가장 잔잔한 향기로 내려앉은 장면이 있다. 화엄사 저녁 예불 시간이다. 운고각에서 스님 네 분이 북을 차례로 두드릴 때였다. 태린이가 바로 아래 대나무 벽을 향해 조심스러우면서도 과감하게 돌을 던졌다. 동영상을 찍는 분도 있고, 스님들도 한창 예식에 열중하실 때였다. 대나무에 부딪치는 돌 소리가 북소리와 제법 어울려 애써 다행이라고 긍정적으로 생각하던 그때, 스님 한 분이 허리를 90도로 굽혀서 태린이를 내려다보셨다. 그리고 활짝 웃어주셨다. 아이고 감사해라. 타북을 마치신 스님들이 법당을 향해 걸어가시다 이번에는 돌 쌓기에 빠진 아이를 보면서 미소를 지으셨다. 아이 장난을 사랑스럽게 여겨주는 눈길이야말로 멀리 떠난 용기를 낸 엄마에게 선물 같았다. 서울에서 구례로 가는 길은 자신감이 있었다고 해도 긴장의 연속이었다. 긴장 가득했던 나를 화엄사 타북 타종 소리가 꼭 안아주는 기분이었다. 잘 왔다고, 수고했다고.

수월리소소 숙소

이틀간 묵었던 수월리소소水月里笑笑는 만다라 문양을 그리는 이현주 작가님이 사는 집이자 작업실이었다. 구례 광의면 높은 곳에 위치한 이곳에서 탁 트인 풍경이 한눈에 들어왔다. 지리산 자락과 노랗게 물들어가는 들판들. 늦은 오후에 도착한 우리 모녀는 적당히 강렬한 노을 아래 짐을 풀기 시작했다. 지인 소개로 와서일까. 운전하며 뭉쳤던 근육이 사르르 풀렸다.

태린이는 마당에 있는 강아지 두 마리에게 바로 달려갔다. 잭슨과 까미 두 녀석이 어린아이를 보고 엄청 사납게 짖어댔는데도 서슴지 않고 다가갔다. 겁 없는 딸아이를 보다가 작가님이 걱정하셨다. 강아지 두 마리는 흥분한 나머지 물어댈 태세였다. 태린이는 무서워하는 기색 하나 없었다. 손을 계속 흔들며 강아지들에게 인사를 해주었다. 간식도 줘보고 공도 던져줘 봤지만 소용이 없었다. 방에 들어온 지 한참 지났는데도 거친 왈왈 소리가 오랫동안 들렸다. 아쉬움이 컸을 텐데 아이는 덤덤했다.

우리는 시골 환경에 금방 적응했다. 없으면 없는 대로 살아가게 돼 있다. 침대나 세탁기가 없어도 어색하지 않았다. 세 살짜리 적응력에 엄마가 오히려 놀랐다. 방 곳곳을 시찰하며 콩닥콩닥 춤추듯 뛰어다녔다. 뛰지 말라고 말할 이유가 없으니 나도 같이 쿵닥쿵닥 뛰었다. 엄마가 따라 뛰니 더 신이 났다. "(좋아서) 깔깔깔깔. 깔깔깔깔. 깔. 깔. 깔. 깔." 그런 아이를 보며 "우리 아기 진짜 기분 좋구나. 그래도 숨은 쉬어야지.(쪽쪽쪽 뽀뽀 세례)"

다름 날 태린이는 일어나 창문을 열자마자 무언가 안다는 듯이 "우아~~ 우아~~!" 했다. 아침 햇살에 반짝이는 들판 너머로 보이는 산을 벌써 볼 줄 아는 걸까. 남편도 우리에게 오고 있으니, 그날은 마을 어딘가를 산책하며 하루를 보내기로 했다. 어릴 적부터 앞만 보고 달려왔던 생활에 익숙해져 있는 나를 구례는 자연스럽게 멈추게 해주었다.

기적이 일어났다. 강아지들이 태린이에게 마음을 열었다. 서로 이곳저곳 몸을 만지다가 뽀뽀도 하고 나란히 앉아 같은 하늘을 멍하니 천사처럼 잠든 아이를 보며 감사함을 깨닫는다.
아이는 스스로 강아지와 교감하듯이 세상 속으로 한걸음씩 나아간다.

바라봤다. 진짜 친구가 됐다. 강아지들이 자신에게 크게 짖어도 실망하지 않고 묵묵하게 앞을 서성이던 딸. 어떤 믿음을 가지고 잭슨과 까미를 기다려주었을까. 생명체와 교감하는 법은 어떻게 알았을까. 하루를 꼬박 기다려 친해졌는데 집에 갈 때는 아쉬움도 없나 보다. 두 녀석한테 인사하라고 했더니 울기는커녕 최선을 다해 손을 흔들어줬다. 또 만날 인연인 것처럼. 지난 시간을 아쉬워하지 않고 오는 세월을 믿고 쓸 줄 아는 너. 법정 스님 말씀이 생각나던 순간이었다. 엄마가 너에게 배운 날이었다.

아침에 일찍 깨서 아이가 새근새근 자는 모습을 봤다. 잠자리가 바뀌어도 까탈 하나 부리지 않고 편안하게 잠든 아이를 보니 감사했다. 천사 같던 아이의 잠든 모습을 언제부턴가 게을리 바라봤다. 아이가 눈을 뜨자마자 이불 김밥 놀이를 했다. 아이를 이불에 씌우며 "뽕! 나타났다! 뽕 사라졌다!" 대단한 놀이도 아닌데, 그토록 좋아하는 아이 모습을 보니 미안한 마음이 들었다. 둘째 아이를 가진 뒤로는 입덧도 심하고 배도 불러오고, 일상에 지쳐서, 적극적으로 놀아주지 못했던 시간들이 눈앞에 스쳐 지나갔다.

구례 여행을 계기로 온종일 어린이집에서 시간을 보내는 아이에게, 앞으로는 너에게 게을리 하지 않겠다는 마음을 알려주고 싶었다. 엄마는 얼마든지 너에게 시간을 내어주고 바라보는 사람이라고 확인시켜 주고 싶었다. 하원 후에도 엄마랑 달콤한 시간을 보낼 수 있다는 믿음을 주고 싶었다. 구례 여행의 최고 선물은 '너만 바라보기'. 이런저런 생각이 많았던 그때, 나를 보며 마냥 웃고 있는 아이를 보며 모든 근심 걱정이 사르르 사라졌다. 나 역시 딸에게 선물을 받은 여행이었다.

○ 수월리소소

주소 전라남도 구례군 광의면 수월리

숙박 예약 에어비앤비(Airbnb) 홈페이지
https://www.airbnb.co.kr/rooms/5514953

만다라 작가 작업실에서
만다라 그리기 체험 예약하기 http://airbnb.co.kr/experiences/340384

나만의 특별한 태교

싹 여행연구소

첫째 태린이를 임신했을 때였다. 태교 관련 책을 제법 사서 두고두고 읽었다. 고상한 음악을 찾아보다 클래식 마니아인 남편한테 추천받아 어떻게든 들어보려 노력했다. 그런데 잠만 쏟아졌다. 나와 맞는 운동을 찾아 헤맸다. 선생님과 궁합이 안 맞다는 이유로 임산부 요가 강의도 몇 번이나 바꿔 들었다.

결국 재미없어서 6개월 차부터는 특별하게 보였던 아쿠아로빅을 수강했다. 명동 YWCA 스포츠센터에 임산부 대상 강의가 열려서 매주 두 번 신혼집 구로역에서 지하철을 타고 시청역에서 내려, 명동까지 걸어갔다. 임산부 속도로 1시간 반은 걸렸다. 잠수부처럼 거꾸로 물로 들어가는 건 아닌가 싶었는데 배가 제법 나온, 5개월 이상 임산부들만 모여 물 속을 둥둥 떠다니며 체조를 했다. 그 와중에 옆에 엄마와 눈을 맞추면 그렇게 웃음이 나서 깔깔거렸다.

물 속을 총총 걸어다니면서 뽀뽀(태린이 태명)한테 수시로 말을 걸었다. 내 아이에게만 마이크로 말해주는 기분이었다. 뽀뽀도 물놀이를 좋아했다. 걸림돌은 남편. 감기에 걸렸거나 날씨가 조금이라도 추우면 가지 말라고 말렸다. 모든 순간이 처음이라 겁먹은 임산부는 그때만큼은 남편 말을 잘 들었다. 만삭 때까지 듣고 싶었던 아쿠아로빅을 결국 두 달 만에 포기했다.

여행기를 블로그에 담아보겠다고 틈만 나면 노트북을 꺼내 끄적거렸지만 진도를 빼지 못했다. 참! 견진성사도 받았다. 임신 기간 무기력한 일상에 지쳐 마음이 약해졌던지라 하느님의 자녀로서 성숙해지려고 노력했다. 석사 논문을 준비하던 시기기도 했다. 논문 태교가 아이를 똑똑하게 해준다는 '카더라 통신'을 믿으며 연구실을 매일같이 오갔다. 누구도 좀처럼 양보해주지 않는 1호선 지하철에 몸을 싣고 다닌 노력도 무색하게 논문을 마치지 못했다. 언제 쓸지는 아직도 미정이다.

진정한 태교를 해보겠다고 부산을 떨었지만 무슨 일이든 몸이 내 맘대로 안 따라줬다. 같은 자리에 몇 시간을 앉아 있어도 끄떡없던 나는 어딘가로 사라지고 없었다. 책이라도 마음껏 읽어보려 하면 속이 안 좋아져 드러누웠다. 누워서도 울렁거려서 뒤척거렸다.

'넌 누구냐?' 평생 나와 함께했던 내 몸이 아니었다. 몸에 맞지 않는 이상한 물질이 독하게 들어와 온몸을 후비고 다녔다. 뭐 하나 먹히지도 않았고 입에 겨우 하나 들어가도 더부룩해 토하기 바빴다. 만삭 때 호흡곤란으로 몇 번이나 정신을 놓았다. 절친 결혼식을 혼자 지하철로 다녀오는 길에 멀미가 심해서 노란 얼굴로 좌석에 쓰러져 있기도 했다. 그러고 보면 태린이는 뱃속부터 꽤 까다로운 아이였다. 대학병원에서 심장초음파를 찍는 사태까지 왔지만, 체구가 작은 몸에 남들만큼 배가 부르다 보니 숨쉬기 어려웠을 것이라는 결론이 났다.

임신 후기 때까지 마음 편한 무엇 하나 찾지 못해서 방황할 때 손미나 여행작가님의 '싹 여행연구소SSAC, Sohnmina&Co's. Social Alliance Community' 홍보 메시지를 보고 말았다. 손미나앤컴퍼니에서 만든 여행 강의였다. 한 문구에 시선이 멈췄다.

'여행 작가를 꿈꾸는 사람에게 실질적인 기술을 줄 수 있다.'

한 달 정도 유럽 신혼여행을 다녀왔지만 급하게 준비해서 그런지 결과물이 딱히 없었다. 단둘이 잊지 못할 여행을 다녀온 것도 아니었다. 사진 찍는 남자와 글 쓰는 여자가 만났으니 특별해야 한다는 의무감이 쓸데없이 있었을지도 모르겠다. 강의 커리큘럼대로 여행 글쓰기와 여행사진 찍기, 스마트폰 하나로 영화 같은 영상 만드는 법을 배우면 인생의 B플랜이었던 여행작가로 발돋움할 거라 믿었다. 손미나라는 인물을 여행작가 반열에 오르게 이끌어준 이영미 편집장님과 진솔하면서도 열정이 넘치는 백상현 작가님, 그리고 국내 광고계 거장 이지송 감독님까지 멘토가 되어준다니 남편과 상의도 없이 덜컥 신청해버렸다. 신청한 날 일기에 이렇게 적혀 있었다.

"싹 여행연구소 강의 신청 및 결제. 이제 정말 나를 위한 미래를 만들어가겠다."

손 작가님은 대학 시절부터 나의 롤 모델이었다. 언론고시생 시절, 대학생 대상으로 열린 KBS 아나운서 특강에 갔을 때 손 작가님을 보고 특별한 아우라Aura에 끌렸다. 지상파 아나운서지만 당당하고 화려하며 자신을 사랑하는 모습이 강하게 풍겼다. 평범하지 않은 아나운서로 살고 있는 그녀를 동경하다, 사회생활에 지쳐갈 때《스페인 너는 자유다》를 읽고 30대에도 새로운 삶을 개척하며 살 수 있다는 희망을 가질 수 있었다. 여든이 되어서도 꿈을 꾸는 할머니가 되고 싶다는 작가님. 눈앞에 두고 직접 만나 이야기를 나눌 수 있다니 얼마나 설레던지. 남편 반대에도 무릅쓰고 논문 학기 때 쓰려고 남겨둔 등록금을 털었다. 당당했다. 내 돈이니깐.

그리하여 매주 일요일 오후에 무거운 몸을 이끌고 지하철을 두 번 갈아타고 이태원에 갔다. 1주 차 강의가 있던 날, 가장 먼저 강의실에

△ 나의 롤 모델, 손미나 작가
▽ 싹 여행연구소 멘토 이영미 편집장님과 1세대 국내 CF 거장 이지송 감독님

ⓒ백상현

도착해서 느꼈던 감정을 아직도 생생하게 기억한다. 뉴욕 소호 거리에서 두 팔 벌린 채 제자리를 두어 바퀴 돌고 나서, 여행을 본격적으로 시작한 기분이었다. 손 작가님이 먼저 아나운서에서 작가로 인생을 탈바꿈한 자신의 이야기를 풀었고, 그 다음에는 어떤 마음으로 여행연구소로 왔는지 각자 이야기를 꺼냈다. 다른 사람의 여행기에 숨쉴 틈 없이 빨려 들었다. 50대 중반 언니가 했던 말이 인상적이었다.

"러시아 블라디보스토크에서 73시간 걸려 바이칼 호수에 도착했어요. 그곳에서 비키니를 입고 수영하고 싶었던 소망을 드디어 이뤘죠. 여행은 인생을 즐겁게 해줬어요. 그러니까 여러분도 떠나세요."

《이탈리아 소도시 여행》, 《저스트고 스위스》, 《길을 잃어도 당신이었다》 저자 백상현 작가님은 '내 생애 최고의 여행사진 남기기'라는 주제로 나만의 여행 기술을 어떻게 쌓아갈지, 여행 사진은 어떻게 찍어야 가치 있는지 조목조목 아낌없이 설명해주셨다. 발길이 많지 않은 소도시에서 현지인들과 인연을 맺어간 스토리, 그곳에서 남긴 글과 사진이 나에게 짙은 향기를 주었다.

알짜배기 강의를 듣고 나니 유럽 신혼여행을 준비하며 책을 읽었을 때보다 작가님을 향한 호감도가 더 높아졌다. 작가님은 내가 지향하던 여행자 모습이었고 지금도 그러하시다. 여행 열정이 강한 점도 매력이다. 대기업에 다녔던 작가님이 유럽 여행을 다녀온 뒤 과감하게 사표를 던지지 않았다면 나에게 이런 좋은 롤 모델 멘토가 생겼을까 싶다.

마지막 이지송 감독님 강의에서는 대상을 관찰하는 눈을 키울 수 있었다. 일흔 넘은 연세에도 미디어 아티스트로 왕성하게 활동하시는 감독님도 진정한 여행쟁이다. 여행하면서 간직하고 싶은 찰나의 순간을 스마트폰 하나에 담아 작품을 틈틈이 만드셨다. 감독님 작품을 감상하고 있으니, 남모르는 곳에 앉아 한 곳을 멍하게 바라보는 기분이었다. 특히 제13회 전주영화제 출품작 〈1/75〉은 나를 놓아주었다. 뉴욕에서 시카고로 가는 기차 안에서 바라본 눈 내리는 풍경이 시선을 10여 분간 멈추게 했다. 중간쯤부터 흘러나왔던 구음은 나를 어느 기차역의 보라색 불빛으로 홀려 데려갔다.

다른 영상도 보여주셨는데 꼼짝 않고 빠져들었다. 그는 어떤 순간이든 연출 없이도 특별한 시선으로 담는 능력이 있었다. 강의하던 날, 아이가 태어나면 특징적인 부분을 잡아내 나만의 방식으로 담아보라고 조언을 해주셨는데 이 부분은 아직 어렵지만 노력하고 있다.

싹 여행연구소는 단순히 여행을 좋아하는 사람들이 수업 받는 곳이 아니었다. 삶에 의미 있는 무언가를 찾아다니는, 자신을 더 잘 알기 위해 노력하는 사람들이 모인 운명 같은 만남이었다. 여행 철학이나 용기, 아이디어 이야기도 흥미로웠지만, 지난 삶을 고민하는 흔적들이 나를 더 자극했다. 역시 여행은 삶과 긴밀하게 연결되어 있었다. 뽀뽀도 싹 강의 시간을 참 좋아했다. 어떤 강의든 몇 시간 동안 난리

부르스를 떨었는데, 맨 앞에 앉아 있던 나는 배가 너무 출렁거려 민망할 정도였다.

'너도 여행이 좋은 거구나.' 여행은 뱃속에 있던 뽀뽀에게도 취향 저격 테마였다. 그 사실을 임신 후반기에 알다니. 아이가 좋아한다는 걸 느껴서일까. 아이가 여행을 좋아하지 않더라도 엄마를 지지해주어 고마워서였을까. 몇 시간 동안 수업을 들어도 힘들지 않았다. 임신한 이후 나로 지낸 가장 보람찬 날이었다. 감독님이 보여주신 길고 긴 영상 몇 편을 한 순간도 놓치지 않고 보고 있는 뱃속 아이를 느꼈다.

'넌 집중력이 강한 아이로구나. 그리고 예술을 좋아하구나.'

하루에도 몇 장씩 그림을 척척 그려대는 태린이를 보며, 싹 사람들은 이 감독님에게 태교를 크게 받은 것 같다고 말했다. 얼마 전 감독님은 결혼식에서 만난 태린이를 오랜만에 보시고, "너 내가 누군지 기억은 하니?" 하며 인사를 하셨다.

임신 8개월 때 전시장에서 만나고 두 번째 만남이었다. 뱃속에서 들었던 목소리를 기억하는지 태린이는 감독님과 흔쾌히 사진도 찍었다. 이지송 감독님은 나의 여행기를 들을 때마다 뿌듯해 하셨다. 하루는 결혼식 피로연장에서 만난 M사 대표님 부부에게 마음에 든다는 어투로 이렇게 말씀하셨다.

"얘가 애 데리고 가출도 하고 그래요."

훌쩍 떠나는 아기 엄마 모습을 좋아해주시는 감독님이셨다.

싹 동창생들은 특별했다. 세상과 소통할 준비가 돼 있는 사람들이니 어떤 대화도 잘 통했다. 누구 하나 개성 없는 사람이 없었다. 다들 뜨거운 열정 하나로 무섭게 하나가 됐다.

독서 모임, 드로잉 모임, 뮤지컬 패밀리 모임, 멘토들 행사 및 전시, 동창생 전시 응원 모임, 여행 콘텐츠 창작자 모임, 그냥 보고 싶어 뭉치는 모임, 문화의 날에 만나는 북클럽 모임, 스페인 오빠가 이끄는 스페인어 스터디, 줄리엣의 프랑스어 스터디 '몽싹monssac', 백상현 작가님과 함께하는 백상어떼 출사 모임 등등. 만날 거리를 항상 달고 산다.

이들을 벗어나지 못하는 가장 큰 이유는 삶과 사람을 대하는 자세가 남달라서다. 여행을 다녀오자마자 하루도 아쉽다고 여행을 또 꿈꾸고, 여행은 아니라도 일상을 여행하듯 인생을 즐기는 사람들. 그런 멋진 사람들이 잔뜩 모여 있는 곳이다. 진심으로 누군가를 응원해주는, 나보다 한 발 먼저 다가와 손을 잡아주는, 내가 은혜를 갚기도 전에 또 사랑을 주는, 내 아이들을 예뻐해주고 커가는 모습을 같이 바라봐주는 사람들이다. 열거하면 끝도 없다.

연령대도 직업군도 모두 다를뿐더러 너무나 다르게 살았고, 다르게 살고 있고, 다르게 살아갈 사람들인데 신기하게 하나가 된다. 서로를 끌어안아주는 묘한 자기력이 있다고 할까. 1960년대생 여자 동창생한테 언니라고, 1950년대 남자 동창생한테는 오라버니, 심지어 "오빠야"라고 부른다. 흰머리가 되어서도 인생을 함께 나눌 따뜻한 동지들이라고 자신 있게 예감한다.

연말 크리스마스 파티 때, 돌아가며 자기 소개하던 자리에서 말하다 눈물이 났다. 싹을 만나 내 마음에 어떤 용기가 생겼는지를 말하던 중이었다. 아기 엄마가 되어도 여행을 꿈꿀 수 있다고 생각하니 눈물이 나왔다. 손미나 작가님이 바로 어깨를 감싸주셨고 사람들은 모두 박수로 응원해주었다. 30대 같은 소녀 감성을 거부감 없이 받아주는 분위기가 참 따뜻했다. 싹은 늘 그렇게 서로를 박수쳐주고 이끌어준다. 멘토들은 동창생들과 계속 소통하며 언제든 응원해주신다.

여행연구소의 글쓰기 선생님이자 인생학교 서울의 초대 선생님으로 매번 많은 도움을 주고 계신 이영미 편집장님은 강의 과제로 제출했던 출판기획안을 보시고 내 이야기를 풀어보라고 조언해주셨다. 꺼낼 거리가 많아 보인다고 하셨다.

'헉, 난 셀럽이 아닌데….'

내 이야기를 담아도 사람들이 공감을 해줄지 자신이 없었다. 편집장님 한 마디로 용기를 내어 브런치에 〈여행 그대 그리고 나〉 매거진을 시작했다. 여행 테마를 정해 한 편씩 올렸다. 싹 가족들은 긴 글을 한 줄도 빠지지 않고 읽고 댓글을 남겨주었다. 13기 윤주 언니는 얼마나 꼼꼼히 읽었는지 오타를 발견할 때마다 알려주었다.《별 볼일 있는 여행》,《코끼리를 냉장고에 넣으려면》 저자 원현정 언니(싹 10기)는 내가 쓴 글을 보고 따로 자리를 마련해 수필에 대한 조언을 아낌없이 해주었다. 얼마나 고마운 마음인가.

몇 편을 올렸을 때였는데, 브런치와 다음 메인 톱에 두 차례나 올랐다. 이런 기회는 파워 블로거들에게만 오지 않던가. 특종이나 단독 보도했을 때 기분이었다. 며칠 동안 브런치 메인 페이지에 글이 올라오는 영광을 누린 덕분에 브런치 팀에게 '위클리 매거진 작가' 제안을 받았다. 그래서 아이와 함께한 크고 작은 여행 이야기를 담은 〈엄마가 행복한 여행 육아〉 매거진도 연재하게 됐다. 매주 내 글이 메인에 오를 기회를 얻다니 꿈만 같았다. 아마추어라도 작가 비슷하게라도 된 듯해서 힘이 났다. 매거진을 연재하던 과정에 출간 기회까지 얻었다.

내 감정을 저 밑에서 끌어올려야 하는 과정을 겪다 보면 나를 정화시킬 수 있었다. 나를 더 사랑할 구석을 만들 수 있었다. 독자들도 어느덧 3,000명이 넘고, 하나둘씩 내 이야기에 귀를 기울여주고 감정을 이입하기 시작했다. 공감하는 사람들이 많아질 때면, 이 편집장님이 나라는 사람을 잘 읽어내셨구나 싶어 감사한 마음이 들었다.

또한 편집장님은 산티아고로 가는 길도 다시 꿈꾸게 만들어주셨다. 강의할 때 운동이라는 도구로 삶의 균형을 찾은 이야기를 해주시면서 체력이 중요하다는 말씀을 강조하셨다. 작은 체구에 책만 보고 책만 만드셨다는 분이 트라이애슬릿이 되는 과정은 신선한 충격이었다.

그 내용을《마녀체력》에 담아 단숨에 베스트셀러 작가로 탈바꿈하셨다. 편집장님 책을 읽고 나의 버킷리스트가 늘었다. 산악자전거를 타고 산티아고 대성당을 또 마주하기.

지나고 보니 싹 강의를 들은 이후부터는 모든 순간이 용기였다. 주말에 아이들 놓고 사람들과 여행 콘텐츠를 교류하고 키워가는 일, 모임 사람들과 여행 매거진을 만들었던 일, 매주 수요일 몽싹 프랑스어 스터디에 빠짐없이 출석했던 일, 아이 둘 재우고 밤 늦게까지 고깃집에 혼자 가서 고기 2인분을 흡입했던 일, 입덧이 한창이라도 아이가 아파도 욕심 부려 스터디에 갔던 일, 임산부 7개월 차 때 태린이를 데리고 훌쩍 구례로 떠난 일. 그런 나를 보며 남편은 제정신이 아니라고 했다. 아랑곳하지 않았다. 나는 미쳤다고 하는 말에 오기가 생겨서라도 더 미치는 성격이다. 이런 말도 있지 않은가.

"살면서 미쳤다는 말을 듣지 못했다면, 당신은 단 한 번도 목숨 걸고 도전한 적이 없었던 것이다."

–W. 볼튼

우리 아이들에게 좋은 기질이 있다면 그것은 싹 덕분이다. 싹 가족들과 나눈 크고 작은 일상 덕분에 지금의 태린이와 태윤이가 각자 개성을 드러내며 예쁘게 자라고 있다. 태린이가 뱃속에 있을 때, 낮에는 논문 준비로 혼자 있는 시간이 많았고, 남편은 평일과 주말 강의 모두 꽉 차서 늦게 집에 들어왔다. 만삭에 싹 강의를 듣지 않았다면 밖을 나가야 행복한 아이가 뒤늦게 탄생했을까. 태어나서 지금까지 싹 이모 삼촌들과 어울리면서 사회성도 개선됐다. 까칠하고 예민한 구석이 여전하지만 말이다. 태윤이는 일찍부터 친화적인 아이였다. 뱃속에 있을 때부터 싹 사람들과 많은 순간을 나눴다. 사람을 좋아한다. 이 녀석은 도무지 겁도 없다. 장난기는 많지만 순하다. 이들과 하루하루 보낸 임신 기간이 아들에게 앞으로도 어떻게 반영되어 나타날지 정말 기대된다.

내 삶은 월요일부터 일요일까지, 아침부터 밤까지 싹 사람들로 항상 가득 찬다. 일상에서 행복을 찾는 사람들과 섞여 오늘을 묻고 내일을 힘낸다. 모임에 아이들을 데리고 가도 아이들을 나보다 더 돌봐주는 사람들. 나는 뭐가 그리 바쁜지 주기보다 받기만 한다. 싹을 통해 사람을, 사랑을 알아가는 법을 계속 배워간다. 임산부라고, 아이 엄마라고 모든 순간 배려해주었던 고마운 사람들에게 틈틈이 보답하며 살고 싶다.

터닝 포인트는 우연히 다가온다. 20년 넘게 앉아 책만 읽고 만들던 이영미 편집장님이 트라이애슬릿이 됐듯, 손 작가님이 KBS 간판 아나운서 시절, 몰디브 여행에서 만난 이탈리아 친구가 "행복하니?"라고 묻는 질문에 "응~"이라고 바로 대답할 수 없어 스페인으로 떠났듯, 무라카미 하루키 작가가 3년 동안의 유럽 여행 끝에 대표작《상실의 시대》,《댄스 댄스 댄스》를 쓰고 세계적인 작가가 되었듯. 나에겐 먼

북소리가 싹이었다. 좋은 사람들과 내 가슴이 시켜서 하는 일을 해야 내가 살아간다. 엄마인 나부터 맑게 숨 쉬고 살아가는 노력이 가장 건강한 태교가 아닌가 싶다.

> 그렇다. 나는 어느 날 문득 긴 여행을 떠나고 싶어졌던 것이다. 그것은 여행을 떠날 이유로는 이상적인 것이었다고 생각된다. 간단하면서도 충분한 설득력이 있다. 그리고 어떤 일도 일반화하지는 않았다. 어느 날 아침 눈을 뜨고 귀를 기울여 들어보니 어디선가 멀리서 북소리가 들려왔다. 아득히 먼 곳에서, 아득히 먼 시간 속에서 그 북소리는 울려왔다. 아주 가냘프게. 그리고 그 소리를 듣고 있는 동안 나는 왠지 긴 여행을 떠나야만 할 것 같은 생각이 들었다. 이것으로 충분하지 않은가. 먼 곳에서 북소리가 들려온 것이다. 이제 와서 돌이켜보면 그것이 나로 하여금 서둘러 여행을 떠나게 만든 유일한 진짜 이유처럼 생각된다.
>
> – 무라카미 하루키, 《먼 북소리》(문학사상, 2004년) 중에서

나만의 특별한 태교

비키니 로망스

처녀 시절에도 비키니는 꿈도 꾸지 못했다. 스쿠버 다이빙을 하러 태국 코따오 섬에서 사흘 내내 바다에 있을 때도 올인원 수영복을 입었다. 팔다리만 얇고 배만 볼록 나온 인형 몸매였다. 지금도 그렇다. 상체와 하체 간 혈액순환이 잘 안 되는 체질인 데다 종일 앉아 있어야 하는 직업적 환경 속에 뱃살은 언제든 보란 듯이 존재감을 드러냈다. 급하게 먹자마자 몇 시간 내리 앉아 있으니 소화가 될 리 없었다.

퇴근하면 취재원들과 밤늦도록 술을 진탕 마셔야 하는 생활. 리먼 브러더스 사태가 터지기 전까지는 주종이 양맥(양주+맥주) 폭탄주였다. 누가 들고 온 양주 한 병을 다 마셔야만 집에 가는 문화가 금융계에 존재했다. 독한 술을 여러 잔 하려면 음식을 든든히 먹어야 했다. 집에 들어가서는 기사 쓰다 그 상태로 잠들어 새벽 4시 출근. 숨 가쁜 생활이 반복됐다. 경제금융 기자로 사는 동안, 대한민국 경제를 이끄는 1% 사람들을 만나는 일은 긴장의 연속이었다.

취업 전 경제매체 준비를 오래해서 경제 분야는 어느 정도 감당했지만, 금융 분야는 버거웠다. 더구나 나의 주요 담당 영역은 채권이었다. 은행권과 증권회사, 자산운용회사가 매일매일 금융 시장에서 어떤 포지션으로 어떻게 사고파는지, 해외 채권은 얼마나 가지고 있는지 수시로 확인하고, 그 움직임이 금리에 어떤 영향을 주는지 실시간으로 기사를 내보내야 했다.

취재원과 만나는 자리에서 그들이 내뱉는 말을 찰떡같이 알아들으려면 고급스런 코스 요리는 이미 내 것이 아니었다. 고맙게도 버둥거리는 '쪼끄마한 신참내기'를 위해 취재원들은 천천히 말해주었고 질문이 길어져도 매번 도움을 주었다. 금융시장 사람들의 배려가 없었다면 배가 더더욱 부풀어 김정일 국방위원장처럼 볼록한 배가 되었을지도 모른다. 그런 시간이 몇 년간 쌓이고 쌓여서 아랫배도 부족해 윗배까지 끼고 살았다.

방송 팀과 국제부로 옮겨오면서 술자리가 크게 줄었다. 내근하면서 헬스클럽에서 퍼스널 트레이닝PT도 받아봤지만 살이 좀처럼 빠지지 않았다. 무염식을 고수했고, 설탕이나 밀가루 음식은 입에 넣지도 않았다. 빵을 먹고 싶을 때는 일부러 쌀빵 파는 곳을 찾아가곤 했다. 소용없었다. 통통이도 뚱뚱이도 아니었지만 뱃살에 유독 히스테리를 부렸다.

놀랍게도 임신한 뒤로 체질이 크게 바뀌었다. 살이 빠지고 또 빠지면서 운동해도 사라지지 않던 그 지독한 지방이 없어졌다. 입덧까지 독하게 한 터라 체중이 임신 3개월 만에 3kg이나 줄었다. 온몸이 말라갔다. 약을 먹지 않으면 안 될 정도로 심각했던 변비 증상도 싹 사라졌다. 임신 초반에 오히려 스키니 몸매가 됐나 착각했을 정도였다. 어라? 배가 점점 부르는데 뱃살이 뱃살처럼 안 보였다. 팔다리는 더 가늘어졌으니 남들이 보면 세상에 그런 임산부 몸매가 없었다. 그리하여 만삭 사진을 찍을 때는 배를 드러내고 싶다는 욕심이 생겼다. 지금이 아니면 자신 있게 보일 일이 없을 것 같았다. 기적을 그냥 넘길 수 없지. 남편한테 따뜻한 나라로 여행을 가자고 졸랐다. 아이 낳고 키우다 보면 다들 살이 찐다고 하니깐.

비행기를 탈 수 있는 마지막 기간 7개월 차에 세부로 날아갔다. 시내 관광은 마사지 받는 일정 이외에는 계획하지 않았다. 감기가 한 달 내내 떨어지지 않았고 목소리도 나오지 않을 정도로 감기가 절정에 이른 터였다. 공항 가기 전까지 병원에서 수액을 맞았다. 담당 주치의 선생님은 해외로 여행가는 것을 걱정하며 수액 맞는 동안 항생제까지 처방해주셨다. 몸을 겨우 추스르고 비행기를 탔다.

공항에서도 얼굴이 하얗게 떠 있던 나는 세부에 도착하자마자 얼굴색이 좋아졌다. 약발이 먹힌 거다. 낮잠을 자고 일어나자마자 공들여 준비했던 의상을 입고 산책에 나섰다. 몇 주 동안 집 근처 백화점을 다니며 틈틈이 짜둔 코디였다. 파란색 짧은 면 원피스를 입고 평소엔 하고 다니기 부담되는 파란 깃털 귀걸이를 했다. 해수풀이 특히 예쁜 리조트에서 사진 찍기 놀이를 하며 돌아다녔다.

비치 벤치를 보자마자 세계 톱모델 미란다 커로 빙의해 포즈를 취했다. 누워서 팔을 올리면 남편은 "오~ 좋아좋아!" 하면서 연신 셔터를 눌렀다. 콘셉트 촬영 하나를 마치면, 망고 셰이크 한 잔을 마시며 방으로 돌아와 다른 수영복으로 갈아입었다. 비키니 복장만 네 벌을 사서 왔으니 부지런히 찍어야 했다. 남편은 준비한 코디가 다 마음에 들었는지 발 빠르게 움직이며 다양한 장소에서 촬영 아이디어를 냈다.

다음 날 해수풀 앞으로 방을 옮겼다. 룸 테라스에서 몇 걸음만 나가면 해수풀이었다. 사진 찍기도 더 좋았다. '뽀뽀맘 패션쇼'가 본격적으로 시작되었다. 첫째 날은 두 번 갈아입었지만, 둘째 날은 세 벌까지도 가능했다. 수영하고 놀면서 찍고 또 찍고, 수영하다가 또 다른 의상으로 갈아입었다. 얼굴빛이 좋아 화장도 화려하게 했다. 출산을 앞둔 다른 한국인 부부가 우리 모습을 슬쩍 보며 지나갔다. 당황해하면서도 '우리도 저렇게 해야' 하나 싶은 눈치였다. 긍정적인 시선에 근거 없는 자신감이 더 생겼다.

자연스럽게 자세를 척척 바꾸니 남편도 내 동작에 맞춰 몸을 재빠르게 움직였다. 어찌 보면 브래지어에 팬티 바람으로 서 있는 건데 배불뚝이 주제에도 남들 시선에 전혀 아랑곳하지 않았다. 메인 해수풀 한가운데 놓인 길에 서 있을 때 남편은 물속으로 들어가 로우 앵글low angle로 나를 담았다. 아주 파격적인 사진이었다. 소셜 미디어SNS에 올렸는데 친정 엄마 검열에 걸려 내렸을 정도였다. 사진 속 나는 아주 당찼다. 어느 모델 못지않게 마음에 들었다. 아킬레스건이었던 똥배까지 뽀뽀가 다 커버해줬으니 위축될 이유가 없었다. 그때 사진 찍으면서 무슨 생각을 했냐고 남편한테 물었다.

"오늘의 주인공인 내 여자, 참 멋있다."

살면서 맞는 부분은 딱히 없어도 사진 궁합은 찰떡이었다. 시간 가는 줄도 모르고 하루를 보냈다. 해가 질 무렵 리조트 전용 비치로 가서 일몰을 배경으로 모델 놀이를 다시 시작했다. 좀 피곤했지만, 랍스터를 배부르게 먹기로 한 날이라 힘이 났다. 뽀뽀하는 사진을 또 남겼다. 얼마 전 남편이 그날을 회고했다.

"행복이란 이런 건가 싶었어."

비키니 입은 모습이 멋지다고 말해주는 남편 덕에 날이 갈수록 '남편 전용 임산부 모델'로 자부하고 있었다. 예쁘게 담아주고 싶다고 무거운 장비까지 잔뜩 챙겨 오고 땀을 줄줄 흘리면서도 내 모습에 빠진 남편을 생각하니 대단한 톱모델인 양 착각을 했을지도 모르겠다. 남편은 사진을 한 장 한 장 편집해서 만삭 사진 화보집을 만들어 선물해 주었다.

아내 비키니 모습을 사랑해준 남편 덕분에 태윤이가 장원급제(태명) 시절에도 '만삭 비키니쇼'는 이어졌다. 사둔 비키니가 여러 벌이었지만 첫째 때와 달라진 배 모양에 맞춰 새로 구입했다. 이전 수영복도 호텔 수영장에 잔뜩 들고 갔지만 태린이와도 놀아줘야 해서 한 벌만 욕심냈다. 둘째 만삭 사진도 잘 남기고 싶었다.

호텔 수영장에 들어가자마자, 아니나 다를까 무섭게 시선이 쏠렸다. 아이 딸린 여성들이 더 수군거렸다. 그럴 만했다. 그때는 37주 차였다. 카디건 하나 없이 실내외 수영장을 누비고 다녔으니 놀라서 쳐다볼 수밖에 없었을 것이다. 남편도 그런 내 모습에, 그런 시선에 전혀 아랑곳하지 않았다. 여자 일생에 제일 아름다운 순간을 감추면서까지 묻어두고 싶지 않았다. 찍은 사진을 보니 막달이라 군살도 많아지고 허벅지도 굵어진 모습에 살짝 놀라기도 했지만, 그럭저럭 결과물에 만족했다.

스트레스를 많이 받았던 사회생활 동안 해외로 휴가를 다니면서 다른 사람을 의식하지 않는 경향이 강해진 것 같다. 한국에서는 남들 시선을 쉽게 무시하지 못하지만, 지나고 생각해보면 왜 그렇게 살아야 하나 싶었다. 어찌 보면 비키니는 해외 라이프를 꿈꾸는 나의 작은 소망의 분출구이자, 꼬장꼬장한 한국 사회를 향한 반항심이기도 했

똥배가 티나지 않는다며 좋아하는 만삭 임산부의 비키니 로망스
◁ 첫째 28주 차 때
▷ 둘째 37주 만삭 때

©김경엽

©김경엽

다. 터키 파티예 해변에서 보트 투어를 할 때도 과감하게 비키니를 입었다. 뱃살에 의식하는 나 자신을 뿌리치려고 노력했다.

아이를 낳고 자신을 찾고 싶은 의식을 꾸준히 가지다 보니 어느 순간 뱃살도 안 보였다. 스스로 만족할 만큼 예뻐야 남편한테도 당당할 수 있었다. 비록 태린이는 14개월, 태윤이는 7개월 동안 모유수유를 한 터라 내 가슴은 할매 찌찌가 돼버렸지만 말이다. 엄마 사람으로서 당당하게 나섰다. 내 역사니까. 인기 라이프 스타일 블로거이자 세 아이 엄마인 레이첼 홀리스Rachel Hollis는 칸쿤 휴가지에서 비키니를 입은 모습을 독자들에게 공개했다. 튼살도 비치고 배꼽도 처져 있지만 임신과 출산으로 변한 자신의 모습을 당당하게 보여주고 싶었다는 생각을 〈허핑턴포스트〉와의 인터뷰에서 밝혔다.

"내가 비키니를 입는 이유는 내 몸에 생긴 모든 흔적이 자랑스럽기 때문입니다. 내가 아기를 가질 수 있을 만큼 축복받았다는 사실과 출산 후 살을 빼기 위해 노력했다는 것을 증명해주니까요. 내가 사랑하는 사람 또한 내 몸이 왜 이렇게 됐는지 알고 있습니다. 그래서 나는 비키니를 입습니다. 그 사람은 출산의 흔적이 새겨진 내 몸이 '지금까지 본 모습 중에서 가장 섹시하다'고 말해줍니다. 그러니 충분히 자신감을 가져도 좋다고 생각합니다."

체중이 불어나지 않도록 노력도 해야 한다. 살이 빠지면 12배 예뻐진다는 말도 있지 않는가. 《프랑스 아이처럼》 저자 파멜라 드러커맨은 실전 편 《프랑스 육아법》(경향BP, 2014)에서 출산 후 체중을 줄이라고 조언한다. 프랑스 여성들은 여성이 엄마로 돌아서지 않았다는 기준을 '아기를 낳기 전 몸무게'로 둔다고 한다. 산후 3개월까지 예전 몸무게로 만드는 것을 목표를 삼고 임신 중에도 살이 많이 찌지 않게 조절한다.

저자는 헤어밴드와 운동복 차림 따위로 엄마처럼 입지 말라고 강조한다. 책 내용에 따르면, 프랑스에서는 엄마 역할을 더 매력적으로 보여 과잉보상을 받으려고 하지 않고, 자기 외모를 가꾸는 것을 이기적이라고 여기지 않는다 여행중에 파리 거리에서 마주친 프랑스 엄마들은 아이 엄마인가 싶을 정도로 세련된 차림이었다. 어린이집에 아이들을 보내면 시간 여유도 분명 있는 건데 내 몸을 가꿀 시간은 왜 만들지 않을까 늘 반성하지만 마음처럼 잘 안 된다.

무엇보다 엄마들이 당당했으면 좋겠다. 한국 사람들은 수영장에선 모두 래시가드를 입는다. 특히 엄마들은 머리끝부터 발끝까지 최대한 몸을 가린다. 그런 노력이 안쓰럽다. 다른 이들 시선을 의식해야 한다는 사실이 슬퍼졌다. 살을 안 빼더라도 자신 있게 뱃살을 드러내고 비키니 입는 자신을 즐기면 좋겠다. 연애시절 나를 잊지 않았으면 좋겠다. 비키니는 몸매가 예쁜 아가씨만 입는 성적인 특별복이 아니다. 여자도 자기 자신을 당당하게 뽐내고 싶은 욕구가 있다. 자기 과시라도 내가 행복할 수 있다면 수영장에서 무장하지 말고 언제든 시도해보길. 몸매가 되어서 입기보다 더 늙기 전에 말이다. 하루하루 내 모습을 잊지 않기 위해 입기를 바란다.

앞으로도 당당하게 비키니를 입기 위해 탄력 있는 몸을 만들어야겠다. 뱃살과는 정말 안녕하고 싶다.

단골 아지트는 선물이다

집은 구속하는 존재다. 쉬겠다고 소파에 앉아 있으면 집안일이 자꾸 눈에 들어온다. 쉬는 것도 아니고, 그렇다고 눈에 찰 정도로 치우지도 못한다. 이도저도 아닌 시간이 끔찍하게 싫다. 어디든 나가고 본다. 잠깐이라도 의미 있는 시간을 보내려면 1시간 넘게 걸려도 기꺼이 간다. 단 30분을 있더라도 나랑 코드가 맞아야 책도 읽히고 글도 써진다. 답답한 마음을 풀 때도 마찬가지다. 공간이 좁은 곳을 좋아하지 않지만, 마음이 가는 곳이면 그 자체로 좋다. 점찍어둔 자리에 누가 먼저 앉아 있으면 방황하기도 한다. 공황장애 증상이 나타나도 시끌벅적 사람이 넘쳐나는 장소를 좋아할 때가 있다. 한 곳을 자주 드나들다가도 어느 순간 질려서 집중하지 못하고 커피 값만 날리기도 한다. 예민한 나에게 장소는 정말 중요하다.

결혼 전에는 내게 맞는 곳을 찾기 위해 홍대와 상수동 일대를 거의 다 둘러봤다. 언제부턴가 홍대 카페로 사람들이 몰려들자 강남역에 있는 A북카페로 발길을 돌렸다. 불광동에서 강남역까지 밀리면 1시간이 넘게 걸리는 거리. 멀리 다녔던 이유는 회사 일로 신경이 곤두서 있던 당시 A북카페의 독서실 분위기가 가장 편했기 때문이었다. 결혼하고 구로동으로 이사온 후에는 한참을 방황했다. 낯선 동네여서 뭐가 있는지도 몰랐지만 어린아이들이 워낙 많은 지역이라 어딜 가든 유모차 무리가 자리를 차지했다. 글을 쓰며 사색할 곳이 없어 답답했다. 결국 익숙한 상수동 북카페로 매일같이 드나들었다. 나를 이해하지 못하는 남편 때문에 몰래 나간 적도 많았다.

카페까지 가는 과정도 중요하다. 카페가 아무리 좋아도 교통수단이 고달프면 그 장소와 관계를 끊었다. 잔고장이 많은 1호선 라인은 왜 그리 정이 안 가는지. 지하철 라인이나 버스에서 바라보는 풍경이 마음에 쏙 들 필요는 없었지만, 사색의 시간을 거슬리게 만들면 그게 또 싫었다.

지금 사는 신정동 집에서는 대중교통을 이용하기가 어렵다. 버스를 타고 여섯 정거장을 나가야 지하철을 탈 수 있다. 덕분에 6년 만에 장롱면허를 탈출했고 원하는 곳 어디든 갈 수 있게 됐다. 차 안에 있으면 무중력 상태로 나 자신과 단둘이 시간을 보내는 기분이 들었다. 엄마라는 임무를 던져두고 멀리 가기는 쉽지 않기에 차선책으로 주로 카페를 찾는다. 적당히 조용한 공간에서 책을 읽고 멍하게라도 시간을 보내면 여행하는 기분을 만끽할 수 있었다.

운전은 나에게 날개를 달아주었고 자유를 주었다. 태린이와 버스나 지하철을 타고 사방팔방 다닌 시절을 떠올리면 어떻게 그랬었는지, 얼마나 간절하면 그럴 수 있었는지, 나 자신에게 무한대 박수를 쳐주고 싶다. 유모차를 버스에 싣고 다녔던 적도 수없이 많았다. 다행히 지금은 멀리 갈 필요는 없어졌다. 주변에 좋은 아지트가 있어서다. 운전을 해서 가야 하지만, 부담 없이 오갈 수 있는 거리다.

글을 쓸 때는 건너편 동네에 있는 '커피나무 아래 쉼' 카페로 간다. 독실한 천주교인이시고 나지막한 목소리로 말씀하시는 사장님이 운영하셔서 그런지 부담이 없고 마음도 편했다. 책도 사진도 좋아하는 분이다. 동네 엄마들로 가득찰 때가 많지만, 여기서는 희한하게 퇴고가 잘 된다. 태윤이가 어린이집에 가기 전에는, 휴대폰 어플에 글을 넣어두고 아이를 업고 재우며 글을 고쳤다. 아이가 잠들면 바구니형 카시트 위에 눕혀두고 집중력을 십분 발휘했다.

사장님은 글과 사투를 벌이는 나를 위해 언제나 넓은 다락방을 내어 주셨다. 사람들이 꽉 차도 다락방에 앉아 있으면 집중하는데 문제가 없었다. 화덕에 구운 피자나 빵까지 촉촉한 샌드위치도 가끔은 욕심 부려 먹는다. 다리가 저리거나 뻐근하면 잠시 눕기도 한다. 매일 출근 도장을 찍다 보니 진짜 단골이 됐다.

마음이 답답해서 집에 있기 거북한 날에는 목동사거리 '더치공방 휴'나 영등포구청 쪽 '카페 쏭투미Song to me Coffee Rosters & Pub'로 간다. 두 곳 모두 지인이 운영하는 카페다. 부부싸움을 하거나 육아로 지치는 날이 많은데 가슴이 답답할 때마다 바텐더처럼 내 이야기를 들어주는 두 주인장을 찾는다. 엄마들이 모여 고민거리도 털어놓고, 시시콜콜 남편 흉도 보고 시댁 이야기도 꺼내듯, 나는 그런 시간을 이곳에서 보낸다.

나와 14살 차이가 나는 휴 사장님은 내 이야기를 듣고 인생 선배로서 조언을 해준다. 사실 칭찬을 더 많이 해주는 마음 넓은 오빠다. 문득 카페에 들린 내게, 휴 사장님이 가장 먼저 하는 말,

"경원, 밥은 먹었어?"

밥을 안 먹은 날에는 샌드위치 만들 때 쓰는 철판에 김치볶음밥을 만들어준다. 가끔은 고기도 구워먹는다. 커피 집에서 음식 냄새라니. 커피도 참 맛있다. 신선한 고급 원두를 볶아 며칠 뒤 내려 먹는 드립 커피는 브랜드 커피도 따라잡을 수 없는 맛이다. 이곳에서 꼭 마셔야 할 커피는 라떼다. 쫀득쫀득한 우유 거품은 긴장할 때 더욱 간절하게 끌린다. 태윤이를 낳기 하루 전, 진통이 있는 상태에서도 친정 식구들을 다 끌고 갈 정도로 말이다.

고민거리도 털어놓고, 마음을 나눌 수 있는 카페 쏭투미

쏭투미로 가면 우린 젊은 시절의 고민을 나눈다. 둘 다 하고 싶은 일도 여행할 곳도 참 많다. 카페를 아이 키우듯 가꾸고 돌보는 사장님 쏭미 언니는 나를 엄마의 입장에서 바라봐주고 어루만져준다. 그날 그날에 맞춰 꺼내주는 음료는 속상했던 마음을 모두 쓸어 내려준다. 아이 키우느라 밥도 안 먹었을까 봐 초콜릿이든 케이크든 뭐라도 자꾸 꺼내준다. 미팅이 있거나 프랑스 동화책 스터디를 할 때면 집중해서 이야기 나누라며 더 마음을 써준다. 아이들을 데리고 밖에 나가 이것저것 구경시켜 주고, 심지어 재워주기까지 한다. 팔려고 준비해둔 생과일 조각들도 아이스크림도 아이들에게 흔쾌히 내놓는 우리 쏭미 사장님. 장사하는 사람이 인심이 너무 후하다고 우리한테 늘 잔소리를 듣지만 그게 매력인 언니다.

이 두 공간을 사랑하는 또 다른 이유는 좋아하는 사람들과 쉽게 만날 수 있어서다. 싹 가족들은 휴와 쏭투미를 사랑방처럼 드나든다. 약속하지 않은 날, 보고 싶던 사람을 만날 때는 기쁨이 두 배다. 지난 총선 때였다. 밤에 원고를 쓰러 나왔는데 머리는 안갯속처럼 뿌옇고 마음만 조급해진 상태였다. 이대로는 안 되겠다 싶어 근처에 있는 휴 카페에 먼저 들렀다.

"꺅…"

"경원…."

단골 아지트 사장님들
◁ 바리스타 쏭미 사장님과 싹 동창생 바리 윤
▷ 더치공방 휴 사장님을 좋아하는 태윤

가게에 들어서자마자 소리를 질렀다. 반가운 얼굴들이었다. 두 손을 마주잡고 방방 뛰었다. 누가 보면 1년 만에 만난 줄 알았을 거다. 성심당 이야기를 쓸 때였는데 같이 갔던 멤버들도 있어서 그날을 같이 회상하며 풍성한 내용을 덧붙일 수 있었다.

싹 가족들은 특별한 일이 없어도 자꾸 만나게 된다. 만날 때마다 각자 여행 이야기를 꺼내 든다. 여행을 쉽게 가지 못하는 나로서는 대리만족의 공간이기도 하다. 거창하지는 않지만 우리만의 파티를 열고 이야기꽃을 피운다. 갑자기 노래를 부르거나 춤을 추는 일도 어색하지 않다.

또 하나. 우리 아이들을 나만큼 보고 싶어 한다. 아이들 때문에 시간이 여유롭지 않은 나를 위해 멀리서 우리 집 근처로 와주는 경우가 많다. 남편에게 아이들을 맡길 수 없을 때는 어쩔 수 없이 데려가지만 다들 안아주고 놀아준다. 영어를 좋아하는 태린이를 위해 만나자마자 영어로 말을 걸어주는 정성도 감동이다.

하원한 아이 둘을 데리고 휴 카페로 갔던 어느 날, 남매 모두 얼마나 잘 놀았는지 모른다. 쿠바에서 온 조던 삼촌과 만난 날이다. 까칠하고 까다로운 태린이가 기분이 좋은지 시키지도 않았는데 쿠바 음악에 맞춰 춤을 추고 있었다. 모두가 이야기를 멈추고 태린이에게 시선을 모았다. 자신만 바라보고 박수를 쳐주자 아이는 최선을 다해 몸을 흔들었다. 태린이에게 사랑받는 기쁨을 알게 해주어 고마웠다.

단골 아지트는 삶의 충전소다. 우리 남편은 아지트에 많이 고마워

해야 한다. 남편에게 욕심내고 기대하는 바가 커서 그런지 미워질 때가 많은데, 좋은 사람들과 함께 있으면 나빴던 마음이 순수해진다. 이방인도 아니면서 이방인처럼 살고 싶은 나에게, 나를 있는 그대로 받아주는 공간과 사람들이 있어 오늘도 힘을 낸다.

○ **쏭투미 커피 로스터스 & 펍** Song to me coffee Roasters & pub

운영시간 월~토, 오전 11시 30분~오후 12시

주소 서울 영등포구 양산로23길 15, 지하 1층

전화 02-2069-0612

SNS @cafesongtome

*더치공방 휴는 개인 사정으로 잠시 휴업 상태입니다.

가끔은 럭셔리 여행

호캉스, 풀빌라, 올인클루시브. 아이를 키우면서 유독 꽂히는 단어들이다. 호캉스는 호텔로 바캉스를 떠나는 여행 풍조를 일컬어 생긴 신조어이다.

한 번쯤 고급지게 떠나고 싶기도 하다. 호텔 로비에서 어깨 드러나는 원피스를 입고 사진을 남기거나 푹신한 침대에 누워 뒹굴어도 좋겠다. 룸서비스도 받아보고 싶다. 바다가 넓게 보이는 펜션도 좋다. 번듯한 모던 인테리어 펜션이면 더 좋다. 아이들 놀잇감이 있는 키즈 펜션도 아이들 핑계 삼아 가보고 싶다. 가격이 사악하지만 말이다.

언제부터 호사스러웠나. 결혼 전까지는 호텔 패키지를 몹쓸 소비재로만 여기며 다른 여자들과 다르다고 자부했다. 멈춰 있는 휴양지 스타일 여행이 싫었다. 결혼한 뒤로는 휴양지나 호텔 같은 존재에 가끔 집착한다. 남편한테 대접받고 싶은 마음 때문이지 않을까. 아이들 키우며 열심히 살아가는 것에 대해 보상 받고 싶은 걸 보면 나 또한 영락없이 여자다.

아이 낳고 호캉스를 떠난 적이 두 번 있다. 첫 번째는 태린이 돌잔치를 치른 뒤였다. 1인당 50만 원이나 되는 신라호텔 에어텔 프리미엄 패키지를 예약해 제주도를 다녀왔다. 왕복항공권과 스위트 객실은 물론 조식, 브런치, 디너가 모두 포함된 2박 3일 비용이었다. 고급 외제차로 '픽드랍pick up-drop 서비스'까지 해주는, 말 그대로 럭셔리. 빠듯한 형편에 마음먹기까진 오랜 시간이 필요했다. 아내가 간절히 원하는 바람에 마지못해 결심한 남편도 눈 딱 감고 쉬고 오자며 스스로를 애써 이해시켰다. 이곳저곳 다닐 체력이 없을 정도로 많이 지쳤을 때라 호텔에서 사진이나 찍고 물놀이나 실컷 하자고 마음먹었다.

제주공항에 도착하자 호텔리어가 내 이름이 적힌 종이를 바짝 들고 있었다. 날개 달린 사람처럼 도도하게 따라 나갔다. 자동차 문을 열어주면 스르르 곱게 탔다. 다른 직원들이 다가와 짐을 정성스럽게 실었다. 앉은 자리 앞에 생수병이 놓여 있었다. 모든 상황이 익숙지 않던 우리는 촌사람처럼 비칠까 봐 인증 사진도 슬쩍 찍고 말았다. 로비에 앉아 웰컴 드링크를 마시는 동안 호텔리어가 눈높이로 안내를

SNOOPY
SNOOPY

해준다. 짐도 방까지 다 가져다주니 대기업 사장님이라도 된 기분이었다.

배정받은 방으로 들어가자마자 우리 집 안방보다 더 큰 화장실과 침실을 보며 감탄사를 연발했다. 남편은 스위트룸치고 옛날 느낌이 가득하다고 툴툴거리면서도 테라스에 바다부터 보러 갔다. 침대에 앉아서도 바다가 보인다고 좋아했다. 태린이는 뭐가 좋은지 신이 났다. 걸음마를 막 떼고 살짝살짝 뛰기 시작했을 때였다. 사진 거부증이 있는 아이도 카메라를 의식하지 않을 만큼 깔깔 웃으며 구석구석 방을 돌아다녔다.

우리는 준비한 의상을 수시로 갈아입으며 호텔 놀이를 했다. 욕실과 화장대 거울 앞에서부터 방에 넓게 자리 잡힌 소파에서, 엘리베이터 옆 장식대는 물론 호텔 산책로 곳곳을 돌아다니며 사진을 남겼다. 여기저기 쫓기듯 다니기보다 아이를 즐겁게 만드는 시간에 집중하다 보니 아이 표정도 밝아졌다. 태린이 모습이 자연스럽게 담겼다.

바쁘다는 핑계로 물개 태린이에게 제대로 물놀이도 못 시켜준 우리는 수영장을 한 번이라도 더 찾았다. 태교를 아쿠아로빅으로 해서 그런가, 아이는 물을 좋아했다. 이튿날은 반나절만 차를 빌려 성산일출봉 근처 유채꽃 밭에 다녀왔다. 생각보다 강했던 3월 봄바람을 맞아도 아이는 그저 함박웃음이었다. 아이가 행복하니 우리도 행복했다. 제주도는 행선지 간 동선이 커서 하루만 여행해도 체력이 달리는데 무리하게 돌아다니지 않으니, 우리도 몸이 가벼웠다.

두 번째 호캉스는 태윤이 출산을 앞두고였다. 태린이 때처럼 태교 여행을 가지 못했던 나는 뭐가 그리 억울했는지, 매일 같이 서울 곳곳을 돌아다니면서도 남편한테 쉴 틈 없이 쏘아댔다. 마누라 심술 때문이었는지, 남편은 내가 임신 37주 차가 되어서야 핫플레이스인 인천 파라다이스시티 호텔을 예약했다. 새로 생겨 깨끗하고 내부 인테리어도 멋져 사진 찍을 곳도 많은 데다 실내외 수영장도 잘 되어 있어서 어린 아이를 둔 엄마들에게 인기 만점인 호텔이었다.

언제부터 호캉스를 좋아했다고 그 순간을 그토록 기다렸을까. 태교 여행은 그리도 중요했던 것일까. 어디라도 가야 가슴에 맺힌 한이 조금이라도 풀릴 것 같았다. 곧 첫째라고 부를 태린이와 마지막 시간을 보내고 싶었다. 무엇보다 남편이 나를 생각하는 순간을 기다렸다. 그는 줄곧 만삭 사진을 예쁘게 찍어주고 싶다고 했다.

태린이가 어두컴컴한 호텔이 싫다고 짜증을 부리는 와중에도 우리는 호텔 곳곳을 걸어다니며 열심히 사진을 찍었다. 사랑하는 사람 앞에선 모델처럼 과감한 포즈도 자연스럽게 나온다. 남편이 나를 담을 때가 참 좋았다. 연애시절 내 사진을 보면 남편이 얼마나 나를 사랑하는지 바로 느껴졌다고 지인들이 공감할 정도였다. 그때 기분을 되살릴 수 있어 카메라를 들고 나만 바라보는 그를 늘 기다리게 된다.

태린이는 호텔을 좋아하지 않았다. 인위적인 공간이 재미없는 눈치다. 발도르프 어린이집을 다녀서 그런가 싶다. 인테리어가 멋진 호텔이라 한들, 매일 자연에서 뛰놀던 아이에게는 컴컴한 장소일 뿐이다.

그래서 화려한 호텔 조명 아래 예쁘게 나온 태린이 사진이 한 장도 없다. 사진에 협조하지 않던 딸이 수영장에 가니 눈빛이 달라졌다. 내 마음 편하자고 온 호텔에서, 딸에게 미안한 마음을 조금은 덜 수 있었다.

불행 중 다행인 또 다른 장소는 호텔방 침대. 아이나 어른이나 호텔 침대 좋아하는 건 마찬가지였다. 푹신한 침대에 올라 엄마 아빠를 자꾸 불렀다. 엄마 아빠가 자기를 가운데 앉혀두고 뽀뽀 놀이하던 추억을 기억했나 보다. 우리 부부는 아이에게 뽀뽀를 아끼지 않았다.

남편과 아이가 잠들자 나만의 시간에 몰입했다. 극에 달한 마음을 정리하려고 책상에 앉아 끄적거리는 동안 마음이 허무하게 깨끗해졌다. 산책하다 마주하는 바람을 강하게 맞고 나면 복잡한 마음이 날아가버리듯이. 굳이 청승을 부려야 감정이 풀렸다. 자기보호 본능이 강한 나 같은 사람에게 필요한 경험이었다. 잠든 남편을 한참 바라봤다. 내 기대를 조금이라도 충족시켜주려 애쓴 모습을 떠올리니 안쓰럽기도 했다. 나 역시 남편에게 더 노력해야겠다고 마음먹었다. 이 정도면 남편도 호텔 효과를 보았다.

그 흔하다는 호캉스도 쉽지 않은 우리 가족. 남편이 돈을 많이 벌지 못할 때도 형편에 불만 없이 살았다. 책을 사고 받은 에코백을 명품백보다 더 소중히 여기는 나이지 않던가. 호사로운 여행을 좋아하지도 않는다. 모든 것이 완벽한 환경에 노출하면 아이 교육에도 도움이 되지 않는다.

다만, 기차도 비행기도 자동차도 나를 충족시키지 못할 때, 남편이 나를 얼마나 사랑하는지를 사진으로라도 확인하고 싶을 때, 몸을 움직이기 힘들 정도로 지치거나 몸이 아픈데 기분은 전환하고 싶을 때, 다른 사람 목소리도 듣고 싶지 않은데 집에는 있기 싫을 때, 한마디로 엄마인 내가 그냥 한 번씩 끌릴 때, 또다시 별이 많이 붙은 호텔에 머물길 꿈꿔본다.

마이 베스트 여행 파트너

어릴 적부터 우리 부모님과 산과 바다로 열심히 돌아다녔는데, 아빠 사업이 잘못되면서 한동안은 놀러 다닐 일이 많이 줄었었다. 하지만 식구들 모두 하나 되어 다시 일어섰고 그 많은 빚도 모두 갚았다. 가족 모두 다시 여행할 여유가 생겼다. 나도 한 가정을 꾸릴 때쯤이었다. 결혼 전과 결혼 후, 나와 부모님에게 가장 크게 달라진 점이 있다면 가족과 함께 여행을 하려고 한다는 것이다.

아빠는 사위와 어깨동무를 한 채 사진도 찍고 온천도 함께 하는 걸 좋아하신다. 엄마는 딸과 사위를 나란히 세워 두고 단둘이 있는 모습을 담아 주고 싶어 하신다. 엄마가 셀카봉을 들면 남편도 알아서 척척 얼굴을 들이밀고 미소를 짓는다. 나는 학창 시절 때도 잡은 적 없던 부모님 손을 결혼해서는 잘 잡고 다닌다. 아이를 품고 걸으면 넘어지기라도 할까 봐 뼛속부터 경상도 남자인 아빠가 손을 먼저 내미신다.

어떤 때는 아빠 엄마 두 분 모두 양쪽에서 잡아주시겠다고 난리였다. 우리 자매를 장똘뱅이처럼 강하게 키우던 마인드는 어디로 가셨는지, 요즘은 매사 걱정이시란다. '결혼'이 떠나는 자식에게도 떠나보내는 부모에게도 존재 가치를 서로에게 깊게 남기는 걸까. 여행이라는 도구로 우리 모두 하나 되는 의식을 계속 이행하고 있다.

부모님을 만날 때면 기대고 싶은 마음이 앞선다. 다들 겪으며 살아가는 일인데 뭐가 그리 서글프다고. 다른 이유는 딱히 없다. 아이를 키우면서 마음이 나약해져서다. 부모님이 걱정하실까 봐 강하게 살았던 나에게는 없던 모습이었다. 진짜 강한 사람인지, 이겨내려고 이를 악 물었던 마음다짐이었는지 모르겠지만, 나는 어떤 어려움이 있어도 스스로 굳세게 이겨내곤 했다. 그렇다고 누구도 나에게 그런 부담을 준 적이 없었다. 결혼 후에는 '모범생 딸, 착한 딸' 같은 책임감을 완전히는 아니지만 조금은 내려놓았다. 응석도 부리며 속상한 일도 풀어놓고 부모님께 기대고 싶은 마음을 자연스럽게 표현했다. 스스로 졸라맸던 고삐를 푼 느낌이랄까. 아이들과 함께 하면서 어릴 적 묻어두기만 했던 감정을 자연스럽게 풀어가고 있다.

몸과 마음이 아플 때 비빌 곳 하나 없으면 따뜻한 밥 한 끼 차려줄 엄마 손길이 제일 그립다. 결국 몸부림치다가 아이 아빠 없이 혼자 운전해서라도 친정에 내려간다. 이것도 내게는 큰 힐링 여행이다. 아이들과 5시간 동안 실랑이를 벌이더라도 고민 없이 떠난다. 엄마 밥이 명약인데 어찌하리. 엄마는 가족들 밥 챙겨주는 일이 세상 제일 행복한 사람이다. 일은 일대로 악착같이 해오면서 한 끼도 허투루 먹인 적이 없다. 가족들 입맛 살리려고 접시 하나까지 세심하게 고르시니 엄마 밥상을 따라올 자가 없다. 아빠와 나, 동생은 아침 식사 스타일이 모두 달랐는데도 불만 하나 없이 세 명의 스타일에 맞춰 각각 차려주셨다. 아빠는 미숫가루, 나는 무조건 밥, 동생은 빵과 우유.

종갓집인 친정은 제사를 해마다 열여섯 차례 드린다. 아빠가 퇴직하시기 전까진 주말 부부로 지내느라 평일 제사도 엄마 혼자 준비하셨다. 뿐인가. 종부 역할을 하느라 신 씨 집안일이며 집안 어른들과의 관계도 야무지게 맺어나가셨다. 작은 체구에 딸들에게라도 한 번쯤 힘들다고 투덜거리실 만도 한데 그런 말 한 번 내뱉은 적 없는 예쁜 슈퍼맘이다. 엄마는 많은 역할을 해내면서 동시에 모든 어려움을 이겨내고 살아오셨다.

그렇게 살아오신 분이 딸이 아이들 키우는 모습을 보면 마냥 안쓰러우신가 보다. 태린이가 조금이라도 보채고 나를 붙들고 늘어지면 딸이 힘들까 봐 마음이 시리시다. 노트북 펴 놓고 글을 쓰고 있으면 잔소리가 떠나지 않았다.

“지금 네가 그럴 때가 아니다. 아이만 잘 키워라.”

왜냐. 내가 힘들까 봐. 목표 하나 세우면 잠도 안 자고 달려드는 걸 아시니까.

친정 식구들과 떠나는 여행은 엄마가 준비한 먹을거리를 구경하는 것에서부터 시작된다. 종갓집 며느리라 손이 클 수밖에 없다지만 예상하고도 또 놀랄 정도의 양을 준비해오신다. 아빠와 남편은 리조트에 도착하자마자 짐을 몇 번이나 배달하느라 바쁘다. 점심과 저녁은 맛집을 찾아가서 먹고, 아침은 엄마가 찌개까지 끓여주신다. 자꾸 말라가는 딸한테 여행지에서라도 직접 먹이고 싶은 마음 때문이다. 김치까지 야무지게 챙겨오신다. 어떤 종류의 김치도 실패한 적이 없는 엄마다. 고기 킬러 손녀를 위해 한우 안창살도 늘 손질해 오신다. 그녀가 준비한 양에 매번 놀라지만 그걸 또 다 먹어 치우는 우리도 대단하다. 식구들은 무엇이든 다 잘 먹어서 모여서 먹으면 밥맛이 더 좋다.

우리는 밖에서도 참 잘 먹는다. 누군가 맛집을 찾아두면 장소가 멀거나 오래 기다리더라도 바로 가보는 우리 가족이다. ‘굳이 기다려서 밥을 먹지 않는다’는 철칙을 가졌던 남편이 장가 와서 충격을 받았지만 하하호호 기다리는 식구들 분위기에 점점 적응해갔다.

지난 겨울 삼척 여행을 갔을 때였다. 강릉 썬크루즈 호텔 산책로에서 놀다가 몇 주 내내 회만 생각났다는 딸을 위해 횟집 한 곳을 찾아서 푸짐하게 먹여주셨다. 그쪽 지역은 횟집을 찾기도 힘들고 비싸기도 비싸다. 이럴 때면 딸을 챙겨주고 싶어 하시는 마음을 더 크게 느낀다. 여행을 오면 부모님이 아이들 식사를 다 책임지신다. 가족들과 같이 있을 때만이라도 마음 편히 먹으라고. 어마어마한 양을 흡입하는 우리 모습을 보면 또 짠하신가 보다.

할머니 할아버지와 함께라면 아이들도 웃음꽃이 폈다. 아빠는 아이들을 잘 관찰하셨다. 그때그때 어떻게 생각하고 행동하는지 미세한 차이점도 발견하시고 기뻐하셨다. 힘닿는 데까지 뒤꽁무니 쫓아다니면서 놀아주는 할아버지 마음을 아이들도 무섭게 알아차렸다. 태린이는 할아버지 할머니와 함께 잘 때가 많고, 아빠 엄마 없이도 두 분 손 잡고 산책을 다녀오기도 했다. 여름밤 거제도에서 리조트로 이어진 긴 길을 산책할 때였다. 끼륵끼륵 소리에 태린이가 귀를 기울이자 만물박사 할아버지는 여치 소리라고 알려주셨다. 곤충 러버 태린이는 공원에 가서 비슷한 소리만 들어도 당연하다는 듯,

"이건 여치 소리야. 여치~ 할아버지가 그랬어!"

오른쪽에 할아버지, 왼쪽에 할머니 손을 잡고서 '퐁당퐁당' 노래를 부르기 시작했다. 아이가 노래를 부르자, 부모님도 목소리를 더했다. 마지막 가사에 모두 태린이에게 달려들어 간지럼을 태우면 태린이 얼굴에 햇살 꽃이 폈다. 밝지 않은 산책길 조명 아래에서도 아이 얼굴은 반짝반짝 빛이 났다. 외가 식구들과 있을 때면 태린이는 주인공이

나의 가장 든든한 여행 파트너
부모님과 여동생

되었다.

여행하는 재미도 좋다. 우리 가족은 즉흥적인 제안을 좋아한다. 따뜻한 햇살이 내려앉던 봄, 친정에 내려가서 며칠 있을 때였다. 오전부터 경주 보문단지를 둘러보고 감포로 넘어갔는데 지나가던 길에 정자 하나가 비어 있었다. 엄마는 갑자기 차를 세웠다.

"잠깐 저기서 커피 한 잔 마시고 갈까?"

엄마가 말을 던지자, 남편은 "여. 여. 여기서요?"

우리는 돗자리를 펴고 커피를 나눠 마셨다. 아빠와 태린이는 해변을 걷고, 나와 엄마, 동생은 누워 낮잠을 잤다. 남편도 어느 순간 누워 있었다. 그때 남편은 충격을 받았다고 했다. 그냥 하는 말일 거라고 생각했단다. 자기 삶에서 한 번도 해본 적 없는 경험이었지만 그때가 가장 기억에 남는다고 했다. 양양에 숙소를 두고 인근 지역을 돌아다니다 설악산을 오르고 속초에서 마무리할 때였다. 다들 돌아가기 아쉬워했다.

"하루 더 있을까?"

엄마 말이 떨어지기 무섭게 모두 동의했다. 엄마는 그날 묵을 숙소를 바로 잡았다. 설악산과 울산바위가 바로 보이는 풍경을 마주하며 또 함께 보냈다. 비가 조금 내리던 날이었지만 초록빛이 더 선명하게 눈에 들어왔다. 정신까지 맑아지는 기분이었다.

부모님은 여행을 그렇게 좋아하던 딸이 결혼 후에 먹고 살기 바빠서 가까운 곳조차도 쉽게 떠나지 못하는 상황이 안쓰러우셨는지 더 자주 여행을 가자고 먼저 제안해주신다. 어린 둘째한테 손이 많이 갈 때라 부모님도 많이 피곤하실 텐데, 부지런히 젖병도 삶아주시고 아이들도 돌봐주신다. 두 분이서 운전까지 하신다. 그렇게라도 딸 숨통이 트일 수 있기를 바라시는 눈치다.

남편한테도 고맙다. 벚꽃이 피고 단풍이 물들 때면 먼저 여행 날짜를 잡는다. 부모님 모습을 예쁘게 담아드리는 것도 잊지 않는다. 무거운 카메라를 어깨에 메고 수시로 두 분의 모습을 앵글에 담는다. 사진을 좋아하는 부모님에게 여행의 맛을 살려주는 기특한 사위다.

친정 아빠는 퇴직하실 때 다 같이 한 차로 이동할 수 있도록 큰 차를 사셨다. 동생이 시집을 가면 동생네 가족도 함께할 것이다. 태린이는 차에서 할머니가 준비해놓은 블루투스 마이크를 들고 한 시간 내내 노래할 것이다. 그러면 태린이만 바라봐주는 친정 식구들은 처음부터 끝까지 물개박수를 쳐주겠지.

두 엄마의 평창여행

가을은 육아로 찌든 엄마의 마음을 잔인하게 흔들었다. 바깥세상은 알록달록 예쁘게 변해가는데, 나 혼자만 어둠의 소굴에 박혀 있었다. 아이와 하루 종일 붙어 있으면서 스트레스가 다시 찾아왔다. 폭탄 같은 감정을 내려놓을 곳이 필요했다. 바로 오대산! 남편은 사진 강의로 가장 바쁠 시즌. 혼자라도 가겠다고 마음먹었다. 여행 갈 운명이었는지 때마침 소셜커머스에 유명한 리조트 비용이 착하게 나왔다.

매일 같이 모여 첫째를 키워온 엄마 세 명('센스 있는 엄마들', 줄여서 '센맘')에게 같이 갈지 물어봤다. 우리는 부부싸움, 시댁 갈등, 육아 스트레스 등 시시콜콜한 일상을 털어놓으며 그날그날 심정을 물어보지 않아도 알아주던 사이였다. 그때 용기를 내준 사람이 준우 엄마였다. 두 아빠가 모인 자리에서 공식적으로 허락을 받고 설레는 마음으로 여행을 준비했다. 생각해 보니 태린이랑 훌쩍 떠난 여행 중에 남편과 다투지 않고 떠났던 유일한 행보였다.

엄마 둘 아이 둘은 홀가분한 마음으로 강원도로 떠났다. 2018년 평창 동계올림픽 준비를 앞두고 영동고속도로는 엄청 밀렸다. 한창 공사 중이라도 평일에 이렇게 막힐 줄 알았나. 태린이는 오래 잤고, 말이 빨리 트였던 준우는 "엄마! 이모!" 수백 번을 외치며 "이게 뭐야."라는 질문을 쉴 틈 없이 쏟아냈다. 드디어 도착한 평창. 월정사 가는 길에 밥부터 먹었다. 평소에 제대로 못 챙겨 먹는 엄마들. 엄마 둘만 뭉쳐도 커피보다는 밥이 먼저다. 태린이와 둘이서 여행 갔을 때는 어딘가 앉아서 먹는 일 자체가 감당하기 힘들었지만 준우네가 있으니 챙겨 먹을 용기가 났다.

월정사가 있는 진부면은 식당이 많은 지역이 아니었다. 최대한 우리 입맛에 맞는 밥집을 찾았다. 곤드레 정식을 주문했더니 시골집 분위기의 밥과 반찬이 잔뜩 나왔다. 두 집 아빠 모두 어린이 입맛이기에 평소에 남편과 맛있게 나눌 수 없는 따뜻한 밥상이 우리에게 그리 고마울 수 없었다. 일종의 보상심리였을까. 아이들은 들떠서 먹는 둥 마는 둥 해도 엄마들은 천천히 꾸역꾸역 씹어가며 밥솥을 다 비웠다. 딱히 대화가 없었다. 누군가 손가락 하나로 톡 건드리면 눈물이 쏟아질 태세였다. 소화제를 연이어 먹더라도 밥 먹는 순간을 누리고 싶었다.

해질 무렵 월정사에 도착했다. 높다란 나무를 바라보고 맑은 공기를 마시니 두 엄마는 감상에 빠졌다. 나뭇잎들이 슬슬 물들고 있었다. 전나무 숲길부터 갔다. 네 시간 동안 차 안에 있던 아이들은 이 순간을 기다렸다는 듯 열심히 걸어 다녔다. 할머니 품처럼 온전하게 다 받아주는 흙길을 밟으며 청량한 기운을 마음껏 받았다. 사진 좀 찍어보려고 카메라를 꺼냈더니 두 아이 모두 뺑튀기 삼매경에 빠졌다. 밥을 많이 안 먹더니 이 녀석들! 두 아이는 쌀쌀한 기운이 있어도 한적한 그 숲길을 종종거리며 즐겼다. 자연이 주는 선물을 그대로 받아들였다. 그래, 이곳에 다시 온 이유는 오대산 기운을 받기 위해서였다. 예전에 선명하게 들렸던 딱따구리와 까치 소리까지 다시 듣는다면 반가운 마음에 청천벽력 같은 일이 있더라도 아무렇지 않게 삶을 이어갈 것 같았다.

마음에 각별하게 자리잡은 월정사. 한창 취업 준비를 하던 대학 시절, 마음을 다스릴 요량으로 어디론가 떠나고 싶었을 때 단기 출가 프로그램에 참여했던 후배가 추천해서 지냈던 곳이다. 집안 종교도 불교였고, 지금은 하늘에 계시는 둘째 고모할머니께서 절을 운영하셨던 집안 배경 덕에 절에서 지내는 일이 어색하지 않았다. 템플스테이 평판도 좋은 사찰이지만 혼자만 보내고 싶어 조심스럽게 독방을 요청드렸다.

월정사는 본사本寺라 오랜 신도나 봉사자들만 머물 수 있는데, 기도를 하러 왔다는 젊은 처자에게 원주실에서 이례적으로 개인 방을 내어 주셨다. 예불에 참석해야 하는 의무가 주어졌으나 하루 1만 5천 원에 공양까지 먹을 수 있으니 학생 신분인 내게는 감사한 기회였다. 오랫동안 머물기는 힘들다고 하셨지만 엿새까지 머물도록 허락해주셨다. 나중에 다른 보살님들께 들은 바로는, 자원봉사자가 아닌 이상 본사에서 개인적으로 방을 쓰는 경우는 드물다고 하셨다. 본사는 일종一宗, 일파一派의 본종이 되는 큰절. 각 말사末寺를 통할한다.

우리 가족 모두 간절했던 시기였다. 잘 되던 아빠 사업이 동업했던 아저씨의 배신으로 한순간에 무너졌다. 덕분에 빚더미를 잔뜩 안게 됐다. 가족을 위해 끝내 궂은일도 마다하지 않던 아빠가 어느 날 대기업 재취업을 결정하셨다. MS 오피스 프로그램을 배우고 싶다고 하셔서, 강좌를 같이 듣기로 했다. 딸내미가 다니는 여대에서는 아빠가 불편하실까 봐 일부러 서강대에서 수강했다.

사실 나는 이미 들었던 강좌였다. 아빠가 여태껏 가족을 위해 그랬듯, 나 역시 아빠를 위해 뭐라도 하고 싶었다. 부녀가 나란히 앉아 수업을 듣는 모습에 다른 수강생도 응원해주었다. 아빠와 수업을 듣고 점심 먹는 모습에 다들 부러워했다. 아빠가 존경스럽다고들 했을 때 내 어깨에도 날개가 달렸다.

아빠가 아니었다면 월정사로 오지 않았을 것이다. 가장인 우리 아빠가 무너지지 않기를 내 취업보다 더 바랐다. 6일 내내 새벽 예불부터 저녁 예불까지 단 한 번도 빠지지 않고 할머니 보살님들 따라 눈치껏 열심히 기도했다. 매일 아침 새벽 스님들이 절을 한 바퀴 돌며 목탁을 두드리는 소리에 정신이 번뜩 들어 늦지 않게 예불에 임했다. 사람이 비교적 적은 점심 예불 때도 '우리 가족 힘내게 해달라'고 절을 몇 백 번씩 올렸다. '도와주세요. 도와주세요….' 아무 생각 없이 절을 하다 눈물이 차 바닥에 뚝뚝 떨어졌다. 예불 마치고도 더 기도하려고 앉아 있는데 스님이 천수경을 또 읊기 시작하셨다. 스님과 나만 남았던 날이었다.

스님 목소리가 나를 향해 울리는 걸 느꼈다. 나를 잠깐씩 쳐다보시더니 불경을 더 또박또박 읽어주셨다. 나의 간절함을 알고 계신 듯했다. 낮에는 법당이든 어디든 잡다한 일을 쫓아다니며 찾아 도왔다. 그렇게 뜻깊은 시간을 보냈다.

집으로 가던 날 진부터미널로 가는 버스 안에서 아빠 전화를 받았다. 면접 보신 자리에서 연봉까지 결정되자마자, 제일 먼저 연락하셨단다. 아빠의 눈물 찬 해맑은 목소리를 아직도 잊을 수가 없다. 월정사는 마음의 고향이 될 수밖에 없었다. 월정사에 머물러 있는 동안 받은 사랑이 없었다면 우리 가족에게 기적이 일어나지 않았을 거라 아직도 확신한다.

옆방 수광전壽光殿 보살님께서 틈만 나면 네잎클로버를 찾아 방 입구에 두고 가셨다. 집으로 돌아가던 날, 윤진각 보살님은 부처님께 올렸던 과일을 가방에 바리바리 싸 주셨다. 홍보기획을 담당하던 박 팀장님은 땅거미가 내려앉은 밤, 자신의 방으로 초대해주었다. 젊은 분이라 서로 좋아하는 존재를 나누기 좋았다. 도움될 만한 책도 여러 권 주셨다. 읽으려고 가져온 책도 있었는데 주신 책까지 넣으니 가방 무게가 꽤 됐다. 그런데도 가방이 하나도 무겁게 느껴지지 않았다.

전나무숲에서 뛰어놀다 잠이 온 아이들을 유모차에 태우고 우린 각자 한참을 걸었다. 대화할 의무가 없었다. 남편을 두고 오면 이런 장점이 있었다. 남편이 옆에 있어도 말을 걸지 않으면 괘씸할 테고 조잘조잘 말을 걸면 집에 있는 기분마저 들 테고, 아이를 맡기고 잠시 혼자 시간을 보내도 그 시간만으로는 성에 안 찰 거니까. 지쳤던 마음을 서로 읽고 있었기에 두 엄마는 홀로 시간을 주고 있었다. 점심 공양 뒤 원주 스님과 직원 분들, 커다랗던 개 '떡쇠와 멍울이'도 함께했던 산책길이 기억났다.

준우 엄마와 나는 어느 정도 걷다가 몸을 녹이기 위해 차를 마셨다. 예전에 지장암으로 가는 길을 알려주셨던 찻집 보살님은 안 보이셨다. 둘 다 피로 해소에 좋다는 오미자를 선택했다. 달콤 쌉싸름한 차가 우리 인생을 표현해주고 있었다. 그때도 우린 말이 없었다. 생각보다 오래 걸려 이곳까지 온 피로도 있었지만 육아에 지친 상태라 조용하게 머리를 식힐 시간이 필요했다. 18개월 정도면 아이가 슬슬 엄마한테 재집착하는 시기이기도 하고, 엄마가 하루 종일 놀아줘도 만족하지 않았다. 아이 감정만큼 엄마 감정도 기복이 컸다. 이때 같이 풀

△ 아빠와의 추억으로 각별한 월정사 전나무 숲길에서
▽ 하루 종일 놀아도 지치지 않는 아이들

동지가 마주앉아 있어 듬직했다.

우리는 아이들이 깰 때쯤 맑은 기운을 마시려 다시 걸었다. 지난 추억에 젖어 있을 때, 절 내 풍경이 눈앞에 펼쳐졌다. 당시 심정이 떠올라 눈시울이 붉어졌다. 잠에 빠져 있는 딸에게 말해주었다.

"태린아, 엄마에게 정말 소중한 곳이야. 할아버지 할머니랑 다 같이 삶을 이겨내려고 했을 때 기적을 준 곳이야."

법당 부처님이 보일 때 얼굴이 일그러지면서 눈이 감겼다. 참아도 참아도 입까지 부르르 떨렸다. 그 시절 이겨냈던 감정을 가슴이 기억하고 있었다. 머물던 방도 보였다. 내 방은 수광전 바로 맞은편 서당에 있었다. 사람들이 지나다니는 길이기 때문에 조금 시끄럽겠다는 생각을 했지만, 안경을 끼신 보살님께서 "부처님이 바로 앞에 계신 방을 처음 온 사람에게 주셨다."고 감탄하셔서 마음을 고쳐먹기도 했다.

태린이와 준우가 잠에서 깨더니 강아지 소리를 내며 장난쳤다. 깜깜해졌다. 우린 다시 전나무 숲길로 들어섰다. 월정사에서 머물 때도 하지 못했던 저녁 산책이었다. 어둑한 시간에는 차마 엄두를 못 냈던 길이었는데, 조명이 생겨서 전나무 숲길을 다시 걸어볼 수 있었다. 은은한 조명이 아래쪽에 있어서 특별한 분위기를 자아냈다. 우리는 나무들이 쉬는 시간을 방해하지 않으려고 더 조심히 걸었다. 조명 위치를 보고 준우 엄마는 이곳의 모든 것이 배려 덩어리라고 했다. 그래서 평창 여행이 더 감사했다고 했다.

아빠 없이 아이를 혼자 챙기려면 실상은 전쟁이었다. 아이들이 동시에 잠들어 엄마 둘이 숨 고르기 할 시기도 잠깐 있었지만 여행 내내 그렇진 않았다. 오붓하게 수다 떨려고 치킨도 배달시켰는데, 아이들이 늦게 잠드는 바람에 지친 상황에서 맥주 타임을 가졌다. 다음 날 아기 농장과 양떼 목장에도 갔지만 두 엄마 모두 월정사만 유독 깊게 마음에 남았다. 쉼터 같은 공간이 우리에게 정말 필요했구나 싶다. 남편이랑 갔을 때보다 깊은 공감대가 있었기에 엄마끼리의 여행이 한결 편했다는 생각이 든다.

두 엄마는 여행 파트너로 잘 맞았다. 누가 하나 의견을 내면 금방 따르고 불만이 없었다. 서로 좋아하고 생각하는 것도 비슷했다. 밤에 아이를 씻기고 재우고, 다음 날 아침을 차려 먹을 때도 각자 더 잘 할 수 있는 일을 찾아 먼저 나섰다. 모든 순간이 배려였다. 아이들과 엮였다는 이유로 엄마들은 금방 가까워지지만 배려 없이는 오래 유지되기 힘들다.

오랜 기간 마음이 잘 맞으니 얼마나 감사할 일인가. 아이들이 크는 동안 아빠 없는 여행을 자주 시도하자고, DSLR 들고 다니며 멋진 사진을 서로 남겨주자고 목표를 세웠다. 두 엄마는 앞으로 아이들과 함께할 여행을 늘 꿈꾸고 있다. 평소에도 한강과 수목원, 생태공원, 전시회에 함께 다니고 있다. 언제나 우리 모녀의 여행 파트너가 되어 줄 준우네에게 고마운 마음이다.

떠수니의 여행 육아 TIP

두 엄마와 두 아이의 여행 노하우

- 아이가 어릴수록 조리가 가능한 숙소가 좋다. 아이들도 엄마들도 밖에서 먹는 스트레스를 줄일 수 있기 때문이다. 매끼 사먹는 것도 부담이다. 쌀과 간단한 반찬거리를 준비해가자. 조리가 불가능한 숙소에 묵는다면 만능에 가까운 라면포트를 준비하자.

- 여행 첫날은 아침 일찍 출발해 오후에 일정을 소화한다. 그래야 아이들도 이동 시간에 잠을 자고, 도착해서 실컷 놀다가 밤에는 일찍 잠자리에 든다. 다음 날에도 두 아이의 낮잠 시간과 식사 시간을 고려하고 일정을 짠다.

- 엄마 둘이서 오붓하게 맥주 타임을 하고 싶다면 오후 늦게 낮잠을 재우지 않는다. 첫날은 이동하면서 엄마들도 피곤한 상태이기 때문에 아이들이 일찍 자야 엄마들도 쉴 수 있다.

- 아이들에게 인상 깊을 장소를 하루에 한 곳 정도 욕심내보자. 아이들은 차를 오래 타도, 짧게 구간 구간 자주 쉬어 가도 스트레스를 받는다. 가장 좋아할 만한 장소를 일정 중간에 넣어 짜증과 지루함을 덜어주자.

- 초반에 일정 회비를 모아서 공동자금을 운영한다. 사용내역을 정리해 공유하면 혹시 모를 마음도 투명해진다. 중간 중간 누가 밥을 사면 여행 기분이 더 좋아진다. 아빠들 카드 찬스는 대환영!

- 엄마 둘이 알고 지내면서 스트레스 없던 사이면 함께 떠나기 좋다. 아이끼리 서로 좋아하면 금상첨화. 굳이 부탁하지 않아도 상대 아이를 먼저 챙겨주려는 마음을 가질 때, 누구 하나 마음 상할 일 없고 아름다운 추억도 만들 수 있다.

- 쌀, 비누, 바디샴푸, 숟가락과 포크, 놀이거리 등을 상의해서 나누어 가지고 오면 짐을 조금이라도 줄일 수 있다.

- 아이들 간식을 어디서나 살 수 있는 건 아니니 비상용 간식을 든든하게 준비한다. 지루할수록 한 가지 간식을 금방 질려하기 때문이다.

- 상대 아이가 감기에 걸리거나, 밤에 잠을 자지 않아도 민감해하지 말자.

- 차를 타고 3시간 이상 되는 거리는 적어도 2박 3일 이상 일정을 잡자. 그래야 일정에 쫓기지 않고 여유 있게 움직일 수 있다.

- 서로 역할 분담을 해두면 좋다. 한 엄마가 운전을 하면 다른 엄마는 아이들이 보챌 때 아이들과 놀아준다. 한 엄마가 밥을 준비하면, 다른 엄마는 아이들과 놀이를 하는 식으로.

- 숙소에 방이 하나 더 있으면 좋다. 한 아이가 잠 못 이루거나 감기에 걸렸을 때 다른 아이에게 영향을 안 줄 수 있다. 또 아이들이 같이 있으면 흥분해서 빨리 자지 않는 경향이 있어서 구분해서 재울 공간이 추가로 있으면 좋다.

- 아이들이 보챌 때 동요 메들리를 신나게 불러주자. 아이들이 모두 잠든 후에 엄마들이 들을 곡도 준비하자. 아이와 분리되는 짜릿함을 느낄 것이다.

나 홀로 파주 여행

마음이 견디기 힘들 만큼 아팠다. 처음으로 아이를 놓고 집을 나섰다. 태윤이가 태어나기 전까지만 해도 태린이를 어떻게든 데리고 나갔으니까. 남해 바다로 훌쩍 떠날 날을 꿈꿔오긴 했다지만 외박을 이렇게 빨리 할 줄 몰랐다. 이왕 나선 김에 혼자 있을 장소를 찾아서 펑펑 울 요량이었다. 엄마가 없다고 불안감이 생길지언정 내 감정 상태를 아이들에게 보여주고 싶지 않았다. 그렇게 떠나 왔지만 새끼들이 눈앞에 걸렸다. 아이들 사진을 보다가 지하철 열차 창문에 비친 내 모습을 보고 울음이 터졌다. 눈과 배에 힘을 꽉 주고 참고 또 참았다. 지금은 아픈 내 마음에 충실하자고 다시 마음을 다잡았다. 아이들에게 환하게 웃어주려면 나 먼저 살려야 했다.

줄곧 바다로 도망치고 싶었다. 넓은 바다가 나를 있는 그대로 받아줄 것 같았고, 막막한 마음에 바다가 답을 줄 것만 같았다. 나를 지켜내고 싶었다. 어디라도 가서 정성스럽게 상처를 어루만져주고 연고도 발라주고 싶었다. 이미 살이 돼버려 더는 느껴지지도 않는 지난 상처들을 굳이 꺼내서 어떻게 아물었는지도 살펴주고 싶었다. 나에게 묻고 싶었다. 어떻게 할 거냐고. 절망스럽게도, 답을 찾으러 갈 수 없었다. 바다는커녕 산도, 가까운 한강도 가지 못했다. 지독한 현실이었다. 밥맛이 없다는 이유로 며칠 굶다시피 한 터라 어디를 돌아다닐 체력도 없었다. 낯선 곳일지라도 주저앉아 쉬고 싶었다. 체력이 정신력을 따라가지 못했던 거다. 비어 있는 동생 집에 가서 누웠다. 일단 잠부터 잔 후에 갈 곳을 정해 보기로 했다.

남편은 내가 꿈꾸는 크고 작은 일들을 탐탁히 여긴 적이 없었다. 남편에게는 욕심이지만 나에게는 간절한 소망이었다. 그로 인해 자신의 시간이 뺏기는 일을 지독하게 싫어했다. 결혼한 지 수년이 흘렀는데 아직도 나를 몰라준다는 사실에 화가 치밀어 올랐다. 그럴 때면 흔쾌히 내어준 자유부인 시간도 기억에서 씻은 듯 지워졌다. 남편한테 피해를 주지 않으면서 인생을 개척할 궁리를 해야 했다.

내가 없으니 남편은 아이 둘 모두 씻기고 먹여야 한다. 간간히 설거지도 하고 청소기도 돌려야 한다. 아이들이 투닥거릴 때는 달려가 중

재도 해야 한다. 아내가 갑자기 가출하는 바람에 주말 강의도 모두 취소해야 했고, 회사에 일찍 출근할 수도 없게 됐다. 아이들은 엄마를 찾을 것이다. 엄마가 없으면 밥도 잘 안 먹을 테니 당황스러울 테고. 남편은 아이들과 지지고 볶는 시간 속에 감사함이라는 선물을 받게 될 것이다.

"불행한 사람은 자기가 행복한 줄 모르는 사람이다."

아내가 며칠 집을 비우면 남편은 도스토예프스키가 했던 말을 이해하지 않을까 싶었다. 행복할 날을 위해 우리 가족 모두 비싼 비용을 치르고 있었다.

그 사이, 나를 위로해주고 싶었다. 길을 잃은 양은 울타리를 찾을 뿐이었다. 거친 시멘트 바닥을 걸을 때 푹신푹신한 수풀을 깔아주는 사람이 되기를, 가끔 햇살도 두려운 내게 그늘이 되어주기를, 아슬아슬하게 서 있을 때 든든한 받침대가 되어주기를, 돌아볼 여유도 없을 때 밝은 햇살로 이끌어주기를, 마음이 가쁜 나를 위해 깜빡이를 켜고 길 모퉁이에서 기다려주기를. 왜냐하면 나는 극도로 외로운 사람이니까. 당신이 옆에 없을 때는 더더욱. 결혼해서 보니 아이 아빠와 나는 아무리 노력해도 그 간단한 퍼즐 조각 하나 들어맞지 않는 사이였다. 소소한 생활습관이나 가정 배경 따위를 사랑이 이겨내지 못했다. 대화를 할 때마다 우리는 평행선을 달렸다.

아침부터 이곳저곳 검색해봤지만 범위만 넓혀졌다. 어디로 가야 할지 막막했다. 무리해서 강화도라도 갈까 했지만, 숙소를 어디에 잡아야 할지 결정을 못 내렸다. 그러다 갑자기 파주에 있는 '지혜의 숲'이 떠올랐다. 왜 이제 생각이 났을까. 바다를 못 가더라도 책이라면 해답을 주지 않을까 싶었다.

지혜의 숲 섹션 3은 24시간 연중무휴로 운영되고 있다. 사방에 책으로 둘러싸인 도서관에 앉아 잔잔하게 흘러나오는 피아노 소리에 감정을 내려놓았다. 늦은 밤인데도 자리가 거의 찼다. 양해를 구하고 빈자리에 자리를 잡았다. 북스테이 '지지향' 로비이기도 한 이곳에는 묵는 사람들이 수시로 오르내리며 책을 읽었다. 북스테이를 하고 싶었지만 막상 돈을 쓰지 못했다. 혼자 머물고 싶다던 작은 소망을 이룬 것만으로 충분했다. 새벽에 그렇게 추울 줄 알았다면, 잠이 중간에 쏟아질 줄 알았다면, 잘 곳을 어디라도 정했을 것이다.

다른 사람들과 섞여 있으니 울분을 토할 수 없었지만 이렇게라도 자신을 다독일 시간이 있어 다행이었다. 도서관에서는 책만 읽도록 독려하고 있어서 노트북은 가방에 다시 넣었다. 전자 기기를 충전할 플러그 하나 없기도 했다. 같은 공간에 있는 조형 작품을 구경하며 책장을 서성이다 한 권을 골라 앉았다. 시집 《당신에게로 가는 마음》(변정현 지음, 2006)은 기다렸다는 듯 제대로 내 마음을 자극했다. 하나하나 정독하고 음미할 수밖에 없을 정도로 시집 전체가 내 마음이었다. 시인이 고등학생 때 쓴 시라니! 책장을 넘길 때마다 눈물을 뽑는 문구가 있었다.

내가 한동안
가장 두려워했던 하나는
당신이 나를 미워하면 어쩌나에서 오는
생각만으로도 무서운 상상이었습니다.

– '나의 두려움' 중에서

언제나 오리까.
또다시 나는 익숙한 소망에 당신을 비춥니다.
그에 갈대처럼 연한 내 믿음은
무릎에 얼굴을 파묻고 울고 맙니다.

– '가슴앓이' 중에서

하얀 종이배 만들어 타고
거친 항해를 나섬에도
끝내 부서지지 않는,
그리움은
물 위에 지은 작디 작은 모래성

– '그리움이라는 것은' 중에서

성큼,

그대에게 난 다가갈 수 없었습니다.

스스럼없이 달려가

품에 안기고픈 당신이었지만

난 항상 머뭇거려야 했습니다.

– '당신께 드리는 진실' 중에서

대신 나는 아프지 않았으면 좋겠습니다.

– '소원하는 시' 중에서

내가 버틸 수 없는 한계의 슬픔보다

내가 버틸 수 없는 만큼의 사랑이

나를 더 흔들리게 합니다.

내 그릇이 담을 수 있는 양보다

더 많은 사랑이

홍수가 난 듯 흘러 넘칠 때면

나는 도대체 어떻게 해야 하나

종일 설레며 고민합니다.

– '가장 기쁜 은총' 중에서

새벽녘, 눈을 뜬 나만이 거기에

그리운 가슴을 모아 쥐고 있었습니다.

– '꿈으로 온 그대' 중에서

내 가슴이 닳아 없어지도록
당신을 깊고 깊게 사랑하는 것.
당신과
끝나지 않은 사랑을 하는 것.

– '소원' 중에서

시 구절에서 마음을 들여다보았다. 내 마음도 남편 마음도 보였다. 눈물이 나고 남편한테 애잔한 마음이 생기는 걸 보니 나 역시 그를 많이 사랑하는구나 싶었다. 시집 '가슴앓이' 마지막 구절이 나를 바르게 이끌었다.

허나 오늘 밤엔 조용히 잠을 청해 봅니다.
마치 주의 따사로운 손길처럼
등을 문지르던 달빛을 기억하며
당신이 아닌 것은 아무것도 모른 채
끝 모르는 이 길을 함께 걸으렵니다.

가족들 없이 이리저리 떠돌아다니고 싶은 나지만 남편과 예쁘게 나란히 걷는 모습 또한 항상 마음속에 그리고 있다는 속마음을 깨달았다. 무섭게 다른 우리지만 언젠가는 어여쁜 하나가 되리라 믿고 싶어졌다. 공기가 점점 차가워지는 새벽, 책을 읽고 생각하다, 읽고 또 생각했다. 그리고 일기를 썼다. '같이'라는 표현도 어느 순간 고통이 돼버린 갑갑한 상황. 어떻게 현명하게 극복해낼지 밤새 책을 통해 어려운 답들을 풀어갔다. 우리가 첫 마음을 잊어버린 것뿐이면 용기를 내볼 참이었다.

왜 나조차 당신 손을 놓아버렸을까. 처음처럼 사랑하지 않는 우리가 원통스럽기도 했다. 당신이라서 서로 사랑하고, 사랑하고, 또 사랑할 줄 알았던 지난 예감이 무섭게 사라졌다. 결국 이번 생은 틀렸다고 결론짓고 나니 당신에게 불만이 많았다. 앞으로는 나를 향한 당신 마음에 의심하기보다, 더 온전한 사랑을 주고받고 난관을 이겨내길 기도하고 또 기도한다. 당신과 잔디밭에 누워 하루 종일 이야기를 나누어도 지겹지 않은 날을 기도한다. 나 역시 당신에게 해맑은 따뜻한 햇살이고 싶다. 얼마나 성숙하려고 지금껏 둘 다 아프기만 할까. 언제쯤이면 사소한 불만에도 고통이라 여기지 않고 아이 바라보듯, 일어서서 어깨를 감싸고 등을 쓰다듬어 줄까. 차라리 내가 당신에게 몇 발자국 다가가 더 많은 사랑을 주기를. 당신의 슬픔, 당신의 고통, 당신의 악마가 아니라 당신의 쉼터가 되는 나이길 기도한다. 어쩌면, 자기도 나를 기다리고 있을 거라 생각하니 눈물 나는 밤이다.

— 새벽 일기 중에서

밤새 책 다섯 권을 읽었다. 마음이 조금 홀가분해졌다. 책은 마음을 붙잡아주는 고운 존재다. 햇살이 공기를 따뜻하게 데워주기 시작할 때 산책을 나섰다. 파주출판단지는 공기도 날씨도 계절도 어떻게 변하는지 섬세하게 와 닿게 했다. 마음을 정리해서 그런지 한결 편해졌다.

그러는 사이 남편에게 전화가 왔다. 말로 표현을 잘 못하는 이 남자는 내 속도 모르고 내 목소리가 무뚝뚝하다며 다시 삐딱한 남자가 됐다. 또 서로 답 안 나오는 이야기를 내어놓았다. 밤새 예쁘게 다짐한 마음이 억울해서 주저앉아 바보같이 울었다. 나를 바라보는 시선들이 느껴졌다. 그건 나에게 중요하지 않았다. 자기 감정에도 책임지지 않는 남편한테 다시 화가 났다. 아차 싶었는지 남편은 또 전화해 나를 달래기 시작했다. 이 정도면 마음을 크게 먹은 거다. 엄청 목 터지게 얘기해 둔 터라 그런가 그도 이번에는 한 발 물러서는 눈치였다.

남편이 아이들을 데리고 파주로 왔다. 두 아이를 데리고 밖으로 운전해서 나온 것은 처음이었다. 집에서는 아이들을 잘 보면서도 밖에는 좀처럼 나오지 못했던 남편이었다. 차에서 내린 아이들이 나에게 달려왔다. 말 없이 꼬옥 안아 주었다. 아이들은 잔디밭을 종종 걸어 다니다가 수시로 엄마한테 안겼다. 아이들을 옆에서 때로는 뒤에서 쫓아다니며 바라보는 순간이 다 소중했다. 세상에서 제일 소중한 새끼들을 보며 내 마음의 날씨도 어느새 맑음이 됐다. 햇살도 예쁜 날이었다. 충분히 행복했다.

동생 집에서 무심코 틀었던 영화는 〈미라클 프롬 더 헤븐miracle from the heaven〉. 하필 눈물 콧물 쏙 빼놓는 가족 드라마였다. 엄마 크리스틴은 불치병에 걸린 둘째 딸 애나를 살리려 고군분투한다. 병세가 심해지자 독실한 개신교 신자였던 크리스틴은 신도 믿지 않게 된다. 차도가 없어 집으로 돌아와 지내던 애나는 언니와 예전처럼 아파트 3층 높이 나무에 올라갔다가 나뭇가지가 부러지는 바람에 나무통 한가운데로 떨어진다.

구조대가 와서도 애나를 들어 올리지 못하자 애나 가족과 이웃들 모두 나무를 둘러싸고 신God에게 기도를 한다. 하루가 지나서야 구조됐는데, 높은 곳에서 머리부터 떨어졌기 때문에 모두 그녀가 죽었을 거라고 생각했다. 하지만 살았다. 그렇게 고쳐지지 않던 불치병도 씻은 듯 사라졌다. 영화는 한때 애나가 먹을 수 없어서 함께 먹지 못했던 피자를 나눠 먹으면서 행복하게 마무리된다.

그렇다. 일상이 기적이다. 형편은 어려워도 어떻게든 먹고살고 있으며, 이부자리를 깔고 잠자리에 들 따뜻한 집이 있다. 무엇보다 사랑하는 가족이 함께 있다. 허리를 감는 손에 이끌려 남편 품에 마음을 다시 내어주었다. 뱉은 말도 아물리지 못해 서성이는 남편에게 먼저 다가가 손을 잡아주기로 했다.

파주에 가기 하루 전, 오랜만에 동생과 오붓하게 보낸 시간도 참 좋

나를 위로해주고 싶어서 떠났던 나홀로 파주 여행길이었지만,
세상에서 가장 소중한 내 아이들을 다시 만나니 흐렸던 마음이 어느새 환해졌다.

았다. 저녁 늦게 돌아온 동생과 와인 한 병을 금방 비웠다. 남편이 안 좋아해서 평소에 먹을 수 없던 참치 회도 마음껏 먹었다. 아이들 없이 둘이서만 대화를 나눈 지가 언제였던가. 결혼 전 같이 살던 날들처럼 술 한 잔 기울이고 깔깔 웃다가 엉엉 울다가 또다시 힙합 리듬에 몸을 맡기고 둠칫거렸다. 힐링이 따로 없었다. 내 인생 최고의 선물, 내 동생. 동생과 나를 다독일 시간이 있어 다행이었다.

여행은 내 마음을 들여다보고 위로해주는 좋은 친구다. 정신없이 흘러가는 시간 속에서 부부 사이에 곪아터져버린 고름을 못 본 척 지나쳐 왔다. 책 향기 속에서 지혜를 찾는 순간은 또 필요할지도 모른다. 남편과 서로를 받아들이기 위해 노력하고 싶다. 다만, 사랑은 쉽게 변하고 사람은 쉽게 변하지 않을지라도, 나는 아프지 않았으면 좋겠다.

나를 찾아 제주 혼여행

아이들과 떨어질 시간이 필요했다. 밀린 원고도 후다닥 써야 하는데 아이들은 수시로 엄마를 찾는다. 어린이집에 보내놓고도 아이들이 내 머릿속을 지배했다. 청소기를 돌리고 아이들 흔적을 정리하고 하원 후 뭐하고 놀 건지 잠깐만 고민해도 시간은 마냥 흘러가버렸다. 하원하자마자 첫째는 곤충 책 10권을 쌓아 읽어 달라며 보채고, 둘째는 수만 가지 이유로 엄마를 붙잡고 늘어졌다.

마음만 바빠져서 아이들에게 여유 있게 사랑을 줄 여력이 사라졌다. 변비에 심하게 걸린 딸이 잠을 못 이루다가 밤 10시가 넘어서야 겨우 눈을 붙였다. 아이가 늦게 잠들면 내 시간도 그만큼 줄어들었다. 밤이 깊어질수록 체력도 달리고 피곤해졌다. 남편에게 구걸할 필요 없는 자유 시간마저 사라지니 줄어든 시간이 아쉬워서 스트레스를 받았다. 하루 일과에서 사색하는 시간이 너무 부족했다. 떠나야 했다. 도망쳐야 했다.

국내에서는 아이들과 분리될 장소로 제주가 최고다. 서울에서 가장 멀고, 비행기 결제까지 끝내면 돌아오기도 쉽지 않다. 엄마가 없다고 아이들이 쳐지는 모습을 남편 메시지로 알게 되어도 돌아가야 한다는 의무감을 떨쳐버릴 수 있다. 강원도 어딘가에 갔더라면 아마 하루 일찍 돌아왔을 수도 있겠다. 남해 바다라도 어쩔 수 없는 마음에 서울행 버스를 타고 올라올 것이다.

제주 지역은 아이들이 아프다고 해도 비행기표를 당장 쉽게 구할 수 없는 특수성이 있다. 퇴사하고 스페인으로 갈 때도 그랬다. 친정엄마는 많은 곳 중에서 왜 하필 산티아고냐고, 조신하게 짧게 여행하고 돌아오면 될 일이지 너무 오래, 더구나 멀리 간다고 싫어하셨다. 걷고 싶으면 제주도에 가라고 했다. 그 당시에는 제주도 역시 나에게 돌아올 구석을 만드는 장소였다. 이제는 두 아이 엄마이니 제주가 최고였다.

누가 나를 간절하게 찾더라도 돌아올 수 없는 환경을 만들고 싶었다. 혼자이고 싶을 때는 갈 수 있는 한 멀리 가고 싶었다. 무슨 일이 생겨도 마음 약해지지 않게, 돌아갈 수 없게. 그래야 나를 챙길 수 있어서다. 아이들 생각에 마음 약해지더라도 그 시간조차 이겨내고 싶었다. 애가 둘 딸린 엄마 사람은 해외까지는 엄두가 안 나더라도 제주만큼은 가장 욕심 부리고 싶은 곳이었다.

가족과 함께 가기는 죽어도 싫었다. 어디라도 떠나면 좋지만, 아이들과 떠나면 일상과 다름없는 일상이 기다리고 있었다. 먹여야 하고, 씻겨야 하고, 안전한지 수시로 지켜봐야 한다. 남편과 대화라도 실컷 나눌 수 있으면 다행이지만 혼자 생각할 시간도 없다. 밖을 나가도 무조건 엄마로 살아가야 하고, 나다운 여행을 할 수 없다. 어린아이를 키우는 엄마도 일탈할 자격이 있다. 매번은 아니더라도 한 번은 욕심내고 싶었다. 더 잘 살아가기 위해 고민할 시간이 필요했다. 아니면 내가 죽을 것 같았다. 젊었을 때 팔팔했던 내 세포가 생명력 하나 없이 내 몸에 붙어 있었다. 살려야 했다.

바다를 간절하게 바라던 나날. 남편에게 양해를 구하고 2주 후에 출발하는 새벽 비행기를 끊었다. 특가 비행기를 고르니 아이들 등원도 남편한테 부탁해야 했다. 아이들 방해 속에 짐을 겨우 겨우 쌌다. 엄마가 어디로 떠날 것을 예감했는지 캐리어 짐을 꺼내 여기저기 가지고 돌아다니거나 하나씩 가방에 넣을 때마다 이거 해달라, 저거 해달라 주문이 많았다. 아이들이 잠들고 나서야 겨우 짐을 넣기 시작했다. 버티고 버티다 늦게 잠든 태린이는 "가지마~ 가지마~" 잠꼬대를, 웬만해선 밤중에 깨지 않는 태윤이는 갑자기 눈을 떠서 나와 눈을 마주쳤다.

우여곡절 끝에 짐을 싸고 새벽 4시 20분에 김포공항으로 출발했다. 김포공항으로 가는 새벽, 정신이 그렇게 맑을 수가 없었다. 미세먼지가 들이닥치기 시작했다는데 내 몸속은 산소로 가득 찬 기분이었다. 제주에 도착해 숙소까지 한 시간 남짓 버스를 타고 가는 와중에도 전혀 피곤하지 않았다. 공항에서 급행 버스를 40분이나 기다렸는데도 말이다. 가방을 두 손으로 꼭 안으면서도 허리를 바짝 곧추 세웠다. 바다를 만날 생각에, 몸속 작은 근육들도 여행 준비를 하고 있었다.

협재 바닷가에 바짝 위치한 게스트 하우스에 도착했다. 제주 여행을 2주간 하고 있던 신영 언니가 마지막으로 묵고 있던 숙소였다. 부엌과 마당 어디서든 바다가 시원하게 보였다. 바다가 정말 숙소 코앞에 있었다. 굳이 나가지 않아도 바다를 실컷 볼 수 있었다. 언니가 지내는 1인실 다락방은 정말 매력적이었다. 예약이 벌써 차서 나는 다음 날에도 도미토리에 묵어야 했지만 혼자 말없이 시간을 보내고 싶었던 내게, 언니는 방을 흔쾌히 내어 주었다.

언니가 비양도에 간 사이, 내 방처럼 시간을 보냈다. 허리에 쿠션을 대고 앉으면 바다가 눈앞에 보였다. 책을 허벅지 위에 올려놓고 바다를 보다가 책을 읽다가를 반복했다. 장판에 불을 올리니 잠이 스멀스멀 밀려 왔다. 자다 깨서 책 읽다가 바다를 보다가 다시 잠들기를 반복했다. 몽롱한 시간이 좋았다. 시집을 가져오길 잘했다. 언니가 방을 비울 동안 욕심 하나 없이 다 내려놓고 빈둥거렸다. 제주도까지 와서 멍 타임을 가진 셈이었다. 어쩌면 별생각 없이 빈둥거리는 시간이 가

제주 바다를 보며 빈둥거릴 수 있어 행복했던
제주 혼여행

장 필요했을지도 모르겠다. 나처럼 시간 단위로 계획을 세우고 쫓기듯 사는 사람에겐 더 그랬다.

드디어 바다를 마음껏 보게 됐다. 바다를 보고 위로 받을 시간이 얼마나 유효할지 모르겠지만. 협재 바다를 바라보고 있는 지금 이대로라면 몇 달은 거뜬히 마음을 다시 일으켜 살 수 있겠다 싶었다. 그토록 간절했던 바다. 나를 전부 받아주는 바다. 바다가 절실했던 30대 소녀 마음을 알았는지 숙소에는 바다 향기가 그윽했다.

카페 같은 게스트하우스 부엌에서 글을 좀 끄적이다가 화장실을 오갈 때도 바다는 향기 나는 소리로 나에게 아는 척을 했다. 철썩철썩 파도 소리도 들렸다. 사회생활 할 때만 해도 산이 좋았던 나였다. 결혼해서 아이들을 키우며 사는 요즘에는 절대적으로 바다가 좋다. 어둡고 답답한, 끝이 보이지 않는 육아를 잠시 탈출하려면 밝고 넓은 시야가 필요했다.

산에 빠져 있었던 지난날을 생각해보면 산에서는 무언가를 계속 해야 했었다. 머물러 있기보다 오르거나 내려가거나 해야 하는 의무감이 있었다. 그 와중에 산의 모든 요소들이 내 호흡과 발자국을 흡수하며 나를 일으켜주었다. 앞만 달리던 시절에는 산이 좋았을 수밖에 없었다. 뭐라도 해야 회사 일이 생각나지 않았다. 그런데 일을 그만두고 결혼한 후로는 산에 혼자 앉아 있으면 고독과 어두움이 내 마음에 무섭게 스며들어왔다.

산과 바다는 확실히 달랐다. 첫 날은 바다를 보며 멍 때리기로 반나

절을 보냈다. 제대로 잔 것도 제대로 책을 보지도 않았지만 충전이 됐다. 몽롱한 시간이 내 자신에게 부끄럽지 않았다. 평소에는 자유시간이 주어지면 무조건 결과물을 얻는 행위만 했다. 시간을 그냥저냥 보낸 적이 없었다. 이번 여행에서는 무엇을 해야겠다는 욕심부터 내려놓았다.

정신이 깼을 즈음, 마당으로 나와 현무함으로 만들어진 테이블에 바다와 정면으로 마주 앉았다. 〈내 마음 보고서〉를 꺼냈다. 과학적으로 검증된 심리 검사를 바탕으로 '내가 누군지 알려주는' 자아성찰 보고서다. 싹 여행연구소 강의를 수강할 때 받은 혜택이라 책으로 받은 지 거의 4년이 됐는데 이제야 곱씹어 읽게 됐다. 온라인으로 설문조사를 한 내 마음을 분석한 내용이 담겨 있었다. 이번 여행에서는 무엇보다 내가 누군지 들여다보고 싶었다.

나에게 두드러진 심리코드 다섯 가지가 소개됐는데, 기가 막힐 정도로 맞아 떨어졌다. 나를 만들어준 최고 장점들이 단점이 될 수도 있는 포인트를 짚어주긴 했지만, 그렇다고 내가 누구인지 한 마디로 정의내릴 수는 없었다. 이번만큼은 나를 찾고 싶었기에 남은 기간 노력해보기로 했다. 어떻게 해야 나를 찾을지도 막막했지만 어떻게든 내 어깨에 짊어지고 있는 무거운 짐부터 내려놓기로 했다. 순례길에서 파울로 코엘료가 행했던 의식마냥. 나에게 수시로 주문을 걸고 나를 찾게 노력해보자고 마음먹은 여행이었다. 다음 날 아침에는 걸으며 생각해보자고 마음먹었다.

신영 언니가 비양도에서 돌아온 뒤 금능 해변 쪽으로 넘어갔다. 작은 책방도 좋아하는 우리는 '아베끄'에 가보고 싶었다. 쥐치 물회를 주문해 밥 한 공기를 뚝딱하고 설레는 마음으로 아베끄로 발걸음을 옮겼다. 책도 좋아하고 밥도 좋아하는 우리가 제대로 뭉친 날이었다. 아베끄는 제주도로 이끈 책방이었다. 함께 운영되는 북스테이 '오 사랑'에서 밤새도록 책을 읽으며 글 작업을 하고 싶었다.

하지만 급하게 정한 일정에다 적은 예산으로 움직이다 보니 북스테이는 포기할 수밖에 없었다. 서점에 가자마자 북스테이를 포기한 걸 후회했다. 사랑을 다양하게 바라볼 수 있는 책들이 곳곳에 배치돼 있었다. 제목에 끌려 이 책 저 책을 살펴보았다. 지금은 나에게 '사랑'이라는 이슈가 중요하다는 걸 깨달았다. 언니가 저녁 바다를 보고 오는 동안 책방에 머물며 짧게나마 내게 적합한 책을 찾아 헤맸다.

사고 싶은 책이 너무 많았지만 고민 끝에 겨우 하나 고르고 북 토크 참석 여부를 기다렸다. 북스테이는 포기해도 북 토크는 놓치고 싶지 않았다. 별똥별 아줌마 이지유 작가님의 별 토크가 있는 날이었다. 일정이 어떻게 될지 몰라 신청하지 못했는데 책방에 있는 동안 사장님이 차 한 대를 더 확보하면서 좌석을 마련해주셨다.

저녁 8시, 이 작가님의 우주 이야기가 시작되었다. 천문학을 공부하셨다는 작가님은 천문대 망원경, 초신성, 별자리, 블랙홀, 우주의 폭발, 별의 형성과 운명 등등 전반적인 우주 이야기를 귀에 쏙쏙 들어오게 설명해주셨다. 학창시절 과학 포기자였던 내가 맞나 싶을 정도로 이해가 잘 됐다. 천문학자에서 과학 전문 작가로 활약하시는 작가님이 아이들 책에도 얼마나 쉽게 풀어가셨을지 그려졌다.

작가님 강의를 듣고 차로 이동해 별을 보러 갔다. 하늘 반구가 한눈에 들어오던 곳이었다. 스태프가 준비한 돗자리와 담요를 깔고 바닥에 누워 한참 별들을 바라보고 있자니, 아이 둘 딸린 엄마라는 사실도 잊어버렸다. 날이 흐려 별이 보일까 싶었는데 강의 듣는 동안 구름이 걷혀서 웬만한 별자리가 다 보였다. 신영 언니 예감이 적중했다.

"오늘은 좋은 일만 있을 거야. 지금은 흐려도 별도 결국 다 보일 거야!"

보이지 않던 별도 공기층과 맞서 싸워 이겼는지 하나 둘씩 모두 모습을 드러냈다. 추위를 이겨내 보려고 같은 돗자리에 딱 붙어 누워 있었던 중년 여성분과 자연스럽게 이야기를 나누게 됐다. 자녀가 중학생 또는 고등학생 정도로 보이는 앳되고 고운 분이셨다. 별을 바라보다가 자연스럽게 얘기를 나누다, 두 아이 엄마라고 말씀드리니 정말 잘했다고 하셨다. 아이가 어려도 이런 시간이 필요하다고. 그렇지 않으면 애들한테 다 풀어버린다고. 늦은 밤까지 별을 보고 있는 나를 스스로 정당화시키지 않더라도 같은 엄마로서 해주시는 말이라 감사했다. 행사가 끝나고 인사 나눌 때도 일부러 내게 다가오셨다.

"힐링 잘 하시고 돌아가서 아이들 예쁘게 키우세요."

그 말이 왜 이렇게 의미심장하게 다가왔는지 아껴둔 눈물이 나와 버렸다. 아는 사람만 아는 마음. 한때 좋아했던 시리우스를 기다리다 못보고 왔지만, 여름 별자리까지 거의 다 보고 왔다. 반짝이다 흐릿해지고 안 보이던 곳에서도 나타났던 별들. 별이 반짝이는 이유는 바람이 불어서라고 한다. 나 역시 흔들리고 약해지는 시간이 없다면 아이들에게 좋은 별빛이 될 수 없다. 그래, 난 흔들려도 좋다. 엄마도 사람이니까. 죄인처럼 마음이 나약해질 이유도 없다. 대신 잔잔하게 와닿던 모든 빛을 소중히 간직해 아이들에게 사랑의 빛으로 베풀어주면 된다.

다락방에서 언니와 이야기를 나누고 내 침대로 돌아왔다. 그날 숙소에는 언니와 나뿐이었다. 혼자 노란 등불 아래 등을 기대고 하루를 정리했다. 평소에 누리지 못한 일을 많이 했다. 이틀처럼 길게 보낸 하루가 감사했다. 나를 비추는 조명 아래 앉아 있는, 내가 마음에 들었다. 남편과 통화를 했지만 아이들이 눈앞에 걸리지는 않았다.

다음 날 아침, 언니가 떠났고 나는 숙소 부엌에서 혼자 바다를 보며 글을 끄적였다. 음악을 크게 들으며 딱히 완성되지 않을 글을 붙잡다가 점심이 지나서야 밖을 나섰다. 언니가 제일 좋았다던 송악산에 가보기로 했다. 해안도로를 따라 202번을 타고 가는데 오랜만에 찾아온 버스 멀미가 나를 끌어내렸다. 토하고 싶을 정도는 아니지만 두통까지 겹쳐 버스에 오래 있기가 힘들었다.

모슬포항과 가까웠다. 두 발이 있으니 겁나지 않았다. 배꼽시계가 요란하게 울렸다. 남편도 영양가 있는 음식을 먹으라고 돈을 더 부쳐줬다. 마침 제주에서 시간을 보내고 있다는 소식을 접한 미경 언니도 큰돈을 부쳐줬다. 전복 같은 좋은 음식을 사먹고 사고 싶은 책도 사라고 했다. 평소에도 마음까지 살뜰하게 챙겨주는 언니가 그것도 부족하다고 사랑을 더해준다. 고마운 마음에 더 잘 먹기로 했다.

회 귀신인 나는 방어회가 가장 당겼다. 맛집을 검색해 모슬포항 바로 앞 횟집을 찾았다. 방어 1인분만 주문했을 뿐인데 한 상 푸짐하게 차려졌다. 두툼한 방어회를 한 점씩 소중하게 먹었다. 한 점당 스무 번씩 씹었다. 매운탕도 나왔고 무침까지 나왔다. 밥 한 공기도 추가해 다 먹었다. 저녁은 먹을 필요 없을 정도로 한 시간 동안 먹기만 했다. 그 많은 음식이 뱃속으로 들어가니 더 뿌듯했다. 방어회 인증샷을 본 미경 언니가 이렇게 아름답게 말했다.

"마음의 가치를 천 프로 업그레이드한 선택이야."

그렇게 오후 3시가 됐다. 날씨가 흐려졌는데 송악산까지 걷기로 했다. 바다가 곁에 있으니 걷지 않을 수 없었다. 제주도 지도상으로 가깝게 보이던 길은 5.1km 거리. 프랑스 남부에서 산티아고로 가던 길을 생각했다. 그렇게 다시 가고 싶었던 길을 이렇게라도 실천하니 울

컥했다.

모슬포항 쪽에는 많은 외국인 노동자들이 일을 하고 있었다. 그물에 걸린 조기를 거두는 사람들과 눈맞춤을 하고 카메라를 들었다. 사진을 찍자, "헤이~헤이~" 하며 손을 더 흔들어주었다. 모두가 내 걸음을 축복해주는 것 같았다. 걷고 있는 올레 10코스는 오른편에는 바다가 왼편에는 무밭, 배추밭, 메밀밭이 펼쳐져 있었다. 관광객이 없어 나와 마주하기 딱 좋았다. 심심할 때쯤 밭에서 삼삼오오 일하던 분들이 쑥스럽게 웃어주셨다. 마을과 거리가 있는 밭이라, 단체로 봉고차 같은 큰 차를 타고 내려 일을 하다 오후 늦게 집으로 돌아가셨다. 스페인의 거대한 밀밭과 포도밭이 떠올랐다. 비가 내렸다. 다행히 이슬 같던 비였다. 흔쾌히 맞으며 송악산을 향해 걷고 걸었다.

아이들 하원을 성공적으로 마친 남편과 영상통화를 하고 나니 발걸음이 더 가벼웠다. 부담 없이 아이들과 분리되는 시간이 나를 놓아주었다. 남편에게 고맙지만 고마움을 표현하지 않기로 했다. 등하원을 시키고 식사를 준비하는 다른 나라 선진국 아빠들도 일상처럼 하는 일이다.

왜 한국에서만 유독 엄마들이 다 해야 할까. 아빠들은 가장이라는 이유로 돈을 버니, 엄마는 밥과 육아를 책임져야 할까? 엄마들이 돈을 벌어도 아이들 등원은 죄다 엄마가 책임지는 나라가 우리나라다. 엄마가 못 챙기면 죄책감을 가져야 할까?

평생 가족을 위해 희생한 친정 엄마를 그린 예술 작품들이 오래도록 인기인 이유는 무엇일까. 연극 〈친정 엄마와 2박 3일〉은 지난 2009년 초연 이래 64만 명이라는 누적 관객수를 기록했다. 모성애를 쉽게 뿌리치지 못하면서도 엄마를 향해 안타까워 하는 딸들의 마음이 이 수치에 담겨 있는 게 아닐까. 엄마라는 존재는 언제든 우리를 먹먹하게 만든다.

그렇지만 나만큼은 자신을 강하게 지키고 싶다. 어릴 때는 아이들에게 엄마가 항상 옆에 있어주는 것이 최고겠지만 크고 나면 엄마가 자기 자신을 잘 지킬 수 있는 사람일 때 더 큰 힘이 되지 않을까. 어떤 모습이든 엄마 삶을, 엄마 자체를, 엄마의 선택을 존중하기를 바란다. 때로는 엄마가 처음이라 어리바리한 모습도 이유도 없이 '우리 엄마라서 좋다.'고 말해주길 바란다. 마음의 짐을 덜고 나를 더 돌아봤다.

지나가던 길은 2012년 한여름에 걸었던 산티아고 순례길과 다를 바 없었다. 일반 국도 길을 걸어갔고, 엄청 넓은 밭이 펼쳐져 있었다. 이곳에는 바다가 있었다. 해안가를 따라 산티아고로 가는 포르투갈 길이 이렇겠구나 싶었다. 언젠가 꼭 걷고 싶은 길이다.

비가 보슬보슬 내리고 송악산 쪽은 비구름이 몰려 더 어두워졌다. 무조건 앞을 향해 걸어야 했다. 목표를 두고 몇 킬로미터 남았는지 확인하는 습관은 그때나 지금이나 버리지 못했지만 잠깐씩 서서 풍경을 더 눈에 넣었다. 바다를 바라보는 순간이 가슴 벅차도록 좋아서 내가 누군지는 생각할 겨를도 없었다. 그렇게 걷고 걸어 언덕길을 올라 새롭게 보이는 바다를 마주했다.

송악산에 도착했다. 할아버지가 그리워 바보처럼 울다가 운명처럼 만난 묵시아 바다가 생각났다. 나를 기다리고 있던 고맙고 신비한 바다. 어딜 가든 나를 묵묵하게 바라보고 기다려주는 존재가 있었다. 그 자체만으로 살아갈 이유가 있었다. 내가 굳이 나를 찾을 필요도 없었다. 그냥 나로 살아가면 되는 것이다.

해가 완전히 지기 전이라 송악산 둘레길을 서둘러 걷다가도, 바람에 맞고 흔들리는 억새를 영상에 담느라 시간을 느리게 보냈다. 수직 절벽에 부딪히는 파도 소리가 '지나간 내 마음' 같아서 깜짝 놀라기도 했다. 송악산은 올레 10코스의 절정이었다. 나무 계단으로 걷기 쉽게 길을 만들었지만 유모차로는 다니기 힘든 곳이라 혼자 이곳을 경험했다는 사실이 짜릿했다. 길 위에 있는 내가 좋았다. 항상 같은 곳에만 머물러 있다면 내 안의 나와 대화를 나눌 시간도 없을 테니까. 지난 삶을 돌아보는 과정은 나를 더 단단하게 만들어주었다.

저 멀리 고마운 산방산이 보였다. 송악산에 오기까지 앞에서 옆에서 뒤에서 든든하게 있어주지 않았나. 변함없이 같은 자리에 있는 가족과 친구들이 생각나 고마운 마음을 영상에 남겼다. 걷는 동안 내 표정도 틈틈이 기록했다. 육지로 갓 올라온 멸치처럼 생기 넘치는 얼굴을 수시로 들여다보고 힘낼 수 있도록.

숙소로 돌아가 와인과 치킨 몇 조각으로 밤바다가 한 눈에 들어오는 부엌에서 밤을 보냈다. 마음 같아서는 밤을 새면서 와인 한 병도 비우고 글도 더 쓰고 싶었지만 엄마로 돌아갈 나를 위해 체력을 아껴

두기로 했다. 숙소 사장님이 챙겨준 전기장판에 누우니 금방 잠이 들었다.

결국 돌아갈 날이 왔다. 아쉬운 마음은 이루 말할 수 없었다. 공항 가는 길 애월에서 망고 쉐이크를 먹으면서 허한 마음을 달랠 생각이었다. 조식을 먹으려고 서두르는 찰나, 내 위쪽에서 잤던 여인네가 숙대 마스코트 눈송이 굿즈를 들고 있는 모습을 발견했다. 대학 동문이었다. 말을 걸자마자 서로 반가워 두 손을 맞잡고 기뻐했다. 학번만 말했을 뿐인데 동문 선배에게 여행지까지 데려온 눈송이 인형을 선뜻 건네주었다. 잠깐이라도 이야기 나누려고 게스트하우스에서 시간을 가졌다.

후배는 한창 공부 중이었는데 답답한 마음에 계획도 없이 제주도로 내려와 서핑 한 번 하고 돌아간다고 했다. 나랑 딱 십년 차이였다. 그것도 경영대학 출신이란다. 경영대학에서 석사 과정을 밟을 동안 학부생 시험 감독을 2년 넘게 들어갔었는데 그 자리에 후배도 있었겠다 싶었다. 기분 좋은 만남이었다. 후배가 잘 충전하고 돌아가서 공무원 시험에 꼭 합격하기를, 나는 글을 잘 마무리하기를 진심으로 응원하며 서로 부둥켜안았다. 그것도 모자랐는지 후배는 가방에 있던 학교 포스트잇도 종류별로 꺼내 주었다.

후배와 반가운 대화를 나누고 각자 나란히 이어폰을 끼고 앉아서 부엌에서 바다 풍경을 바라보며 제주 여행을 정리했다. 마무리 의식이라고 해야 할까. 제주에 온 사흘 동안 바다를 실컷 보았는데도 아쉬워서 또 바라보고 있었다. 비가 보슬보슬 내리는 날이라 그런가 마음이 차분해졌다. 멍하니 바다를 바라보다가, 나라는 별이 어쩌면 참 예쁠지도 모르겠다는 생각을 했다. 창문에 빗방울이 선을 긋듯이 내려앉았다. 어떻게 태어났든 별이란 어떻게든 스스로 빛을 낸다. 어떤 빛이든 소중하게 비춰질 테니 나를 부끄러워하지 말고 마음껏 사랑하기로 했다. 내 삶이 어떻게 흘러가는지 나에게 설명이 필요했는데 별빛과 바다가 말을 해주었다. 커피소년의 〈나를 사랑하자〉 노래가 때마침 귓가에 울렸다.

나를 사랑하자 나를 사랑하자
어제처럼 미련한 나를 사랑하자
구석진 방 홀로 있는 나를 사랑하자

찬란한 미래를 꿈꾸며
캄캄한 오늘을 사는 나에게
아무것도 보이지 않아도
꿋꿋이 서 있는 나를 향한 노래

거북이 느린 걸음으로
발버둥 치며 걷는 나에게
아무도 나를 보지 않아도

내 마음 지키는 나를 향한 노래

나를 사랑하자 나를 사랑하자
어제처럼 미련한 나를 사랑하자
구석진 방 홀로 있는 나를 사랑하자

나를 사랑하자 나를 사랑하자
여전히 아름다운 나를 사랑하자
눈물로 보석을 삼은
나를 사랑하자 나를 사랑하자

서울행 비행기에서 사랑하는 아이들에게 편지를 썼다.

사랑하는 태린, 태윤에게

어린 너희를 두고 쿨하게 떠나는 날라리 엄마지만
너희를 사랑하는 마음은 그대로란다.
이 걸음 뒤엔 너희를 더 많이 사랑하게 되겠지?
우리 태린이랑 태윤이가 곁에 있는 지금도 그래.

엄마는 자유로운 사람이라고 엄마 사람들이 그랬어.

엄마는 떠나야 행복한 사람이고,
그런 시간 속에 너희 곁에서 더 많이 웃을 수 있지.
엄마가 훌쩍 떠나는 모습을 보고
너희도 어디로든 자유롭게 세상과 사람들과 마주하길 바라.

엄마는 어디로든 떠날 사람이니,
그걸 상처 없이 받아들이고 성숙하게 커갈 거라 믿는다.
엄마는 지금까지처럼
엄마가 가진 체력을 총동원해서 너희를 사랑할 거야.
더 사랑하기 위해
마음의 체력을 강하고 단단하게 만들 거란다.

너희를 만나러 가는 비행기 안,
난 엄마로서 당당하다.
그리고 이런 마음으로 너희를 지켜줄 거야.

사랑해. 사랑해.
말로 표현할 수 없을 만큼 사랑해.
내 새끼들 꼭 안아줄게. 곧 보자.

떠수니의 여행 육아 TIP

'엄마 자유시간 만들기' 프로젝트

어린이집 선생님들께 아이 둘 등원 준비 모습에 완벽한 점수를 받은 남편. 하루아침에 이뤄지지 않았다. 놀이하는 시간만 아빠와 보내기보다 먹이고, 씻기고, 재우는 등 돌보는 활동을 몸에 익혀야 아빠도 아이들을 감당할 자신감이 생긴다. 아래 과정을 3년 동안 거치면 아이 둘과도 수월하게 시간을 보낼 수 있다. 엄마들이 욕심을 내어 혼자만의 시간을 얻기를. 나의 자유를 위해 치열한 투쟁도 각오하자.

	1단계 2~3시간	2단계 3~5시간	3단계 저녁(7:30~)	4단계 1일	5단계 2~3일
아빠가 덜 힘들게 엄마가 할 일	수유하자마자 낮잠시간 맞춰 외출	식사거리 챙겨 놓고 나가기	저녁준비 미리 해두기	먹을거리 꼼꼼하게 준비	등원할 옷 미리 정리, 이유식 국거리 쉽게 정리
아빠의 할 일	낮잠 재우기 분유나 간식 먹이기 기저귀 갈기	밥, 약 먹이기 헝클어진 머리 다시 묶어주기	씻기기 먹이기 잠자리 독서 재우기	밥 차리기 놀아주기 간단한 집안일	집안일 밥 차려 먹이기 등하원시키기 놀아주기
엄마의 할 일	티 타임 식사 간단한 쇼핑	영화보기, 독서 친구들과 만남 자기계발 활동	그룹 모임 친목 모임	당일치기 여행	1박 이상 여행

미술관 산책을 즐기는 이유

뒷주머니가 조금 차고 아이가 아프지 않으면 미술관부터 찾았다. 직장인 시절에는 미술관과 그렇게 가까운 사이는 아니었다. 그때는 정말 미련하게 앞만 달리던 나날이었으니까. 일을 그만두고 나니, 무엇인가를 바라보고 생각하는 시간이 마냥 소중해졌다. 그렇다고 예술을 깊게 아는 사람도 아니다. 그저 내 안에 있는 감각을 되살리고 싶었을 뿐이었다.

아이를 키우다 보니 감성이 바짝 메말라버렸다. 생각까지 말라가는 내 모습이 슬펐다. 처음에는 나의 감성 세포들을 살리기 위해서 미술관을 찾았다. 어디든 나가야 직성이 풀리기도 했다. 하지만 이제는 아니다. 태린이와 같이 가고 싶어 전시장을 찾는다. 제 나름대로 즐기는 아이를 바라보는 순간이 작품을 감상하는 것만큼 값지다.

2016년 겨울, 우리 모녀는 올라퍼 엘리아슨의 〈세상의 모든 가능성〉 전시로 미술관 산책을 시작했다. 태린이는 늘 그랬듯이 앞서 걸어 나갔다. 물이 아래에서 위로 오르는 모습에 손을 자연스럽게 뻗었고, 이끼 냄새를 맡아보려고 허리를 굽혔다. 천장에 매달린 기형 모형을 세모라고, 빙글빙글 돌아 내려오는 원반을 동그라미라며 손가락 그림을 그렸다. 잘 데리고 왔구나 싶었다. 가이드 라인을 잘 지켜서 마음껏 다니라고 풀어 두었다. 몇 바퀴 신나게 돌다가도 멈춰 서서 여러 차례 바라보는 작품이 생겼다. '뒤집힌 폭포'가 그랬다. 거꾸로 흐르는 물줄기가 아이 눈에도 신기했나 보다. 지나가던 외국인 중년 부부가 태린이를 관찰하더니 물었다.

"몇 살이죠? 이렇게 빠져드는 모습이 신기하네요."

'무지개 집합'도 태린이가 반했던 작품이었다. 이슬비 같은 물방울이 천장에서 떨어졌고, 그 물방울이 아래 조명에 비쳐 무지개를 만들었다. 아이는 무지개를 발견하기보다 이슬 안팎을 왔다 갔다 하며 떨어지는 물방울을 맞느라, 나중에는 우산을 쓰고 빗속을 뚫고 다니느라 바빴다. 이 전시를 다시 봤을 때는 이슬 밖으로 원을 크게 돌며 공간을 느꼈다. 처음과 다르게 노는 아이. 아이가 즐길수록 올라퍼가 어찌하여 세상을 바꾸는 작가로 인정받았는지 공감할 수 있었다. 모든 가능성을 아이에게도 열어주었으니 말이다.

어떤 전시든 아이를 따라 한 시간 정도 관람하고 나면 무엇을 좋아하는지 한눈에 보였다. 〈프랑스 국립 오르세 미술관 전: 19세기 미학의 세계〉(2017. 3)에서 태린이는 정신없이 뛰어다니는 와중에도 사실주의 작품 앞에서만 오래 머물렀다. 그리고는 자기만의 언어로 나에게 말했다. 그 말이 프랑스어처럼 들리든, 일본어처럼 들리든, 깐따라삐아어로 들리든, 하나도 중요하지 않았다. 좀처럼 말하지 않던 아이가 느낌을 표현해주어 고맙기만 했다.

미디어아트는 태린이가 좋아하는 장르다. 서울 시청 앞 광장에서 놀다가 우연히 만났던, 〈모네 빛을 그리다 인트로 전〉(2016. 5). 어두워서 무서울 법도 한데 한 걸음씩 내딛으며 빛을 밟았다. 눈에 비친 세상이 다채로웠는지 규모가 작았던 전시장을 1시간 동안 왔다 갔다 했다. 스크린 속 색채 하나하나를 집중해서 바라보던 딸을 본 이후로는 미디어아트 전시를 줄곧 챙겨 본다.

용산 전쟁기념관에서 열린 〈더 퀸즈 시크릿 전 여왕의 정원〉(2017. 7)에서는 빛이 다채롭게 연출된 작품을 감상했다. 채광이 주는 빛줄기도 보여주려고 백남준 작가의 '다다익선'을 보러 과천으로 갔다. 거대한 텔레비전 물체와 유리 천장을 뚫고 쏟아지는 빛이 어떤 조화를 이루는지 위층으로 이어지는 복도를 신나게 뛰어올라가면서 느끼지 않았을까. "이쪽으로 가라! 저쪽으로 가라!"는 말을 할 필요가 없었다. 아이 스스로 즐기고 있었다. 아이의 총명한 눈빛과 몸짓을 간직하고 싶어 적당한 거리에서 부지런히 따라 걸었다.

미술관은 대체로 공간이 트여 있고 천장도 높아 답답하지 않다. 국립현대미술관MMCA 과천관은 아이가 뛰어다녀도 티가 나지 않는 곳이다. 밖으로 나와 넓게 깔린 잔디와 조각품, 솟아나는 분수를 보여주면 1석 2조. 날씨 좋은 날에는 한남동 삼성미술관 리움 야외도 좋다. 전쟁기념관 앞에 있는 용산가족공원은 소풍 기분까지 더해준다. 태린이는 전쟁기념관에서 늘 마라톤을 한다. 건물 내부에는 커다란 비행기와 탱크가 여러 대 있을 정도로 공간이 넓다. 사람도 많이 없어서 마음껏 뛰어도 잃어버릴 걱정이 없다. 전시 보러 가서 작품만 보여주면 아이가 지루해했을지도 모른다. 전시장을 둘러보고 마음껏 뛸 공간이 같이 있어야 태린이는 엄마한테 10점 만점에 10점을 주었다.

미술관 산책을 즐기는 가장 큰 이유가 있다. 태린이는 미술 놀이를 좋아한다. 볼펜 하나만 있어도 하루 종일 그림을 그리며 시간을 보낸다. 웬만해선 말을 하지 않는 아이가 커다란 전지 한 장을 바닥에 깔아주면 손바닥 발바닥까지 물감을 찍어 바르며 거침없이 표현을 했다. 미술적 영감을 받도록 지렛대 역할을 해주고 싶었다. 놀랍게도 미술관에 다녀오면 그림에 변화가 생겼다.

〈그대 나의 뮤즈 반 고흐 to마티스 전〉(2018. 1)을 본 뒤에는 붓에 물감을 잔뜩 찍더니 손목 스냅을 이용해 동그랗게 흔적을 남겼다. 내 딸의 '별이 빛나는 밤'이었다. 마치 앙리 마티스가 우리 집에 온 것처럼 도화지에 거침없는 습작을 남기기도 했다. 미술관에 다녀오면 태린이는 꼭 마법에 걸렸다. 하루하루 전문가처럼 그리는 아이 모습에 미국의 세계적인 추상주의 화가 '잭슨 폴록Jackson Pollock'의 이름을 따서 '태린 폴록'이라는 별칭이 생겼다. 주변 예술가 지인들은 태린이가 보통 영감을 가진 아이가 아니라며 미술학원 같은 곳에 절대로 보내지 말라고 신신당부를 하기도 한다. 아이의 미래가 앞으로 어떠할지 부모인 나도 모를 일이지만 영광스러운 감상평이었다.

미술관 산책이 언제나 순조롭지는 않았다. 여름 방학이 시작된 날, 아들을 남편한테 맡기고 둘이 집을 나섰다. 누가 봐도 아이 취향 저격이었던 전시, 〈오! 에르베 튈레의 색색깔깔 전〉이었다. 색깔이라면 흥분해서 세상에서 가장 큰 목소리로 말하는 아이가 전시장에 들어섰는데도 시큰둥했다. 온통 빨강, 파랑, 노랑이 애교스럽게 깔려 누가 봐도 좋아해야 마땅할 전시였다. 더더구나 유모차에서 안 내리겠다니! 배신 당한 기분이었다. 세 살 때는 유모차에 안 타고 걸어 다니겠다고 난리더니 네 살 되더니 달라진 걸까. 유모차를 차지하고 싶은 마음 때문이었을까.

볼 건 다 보았다. 엄마가 유모차를 끌고 가는 대로 하나하나 꼼꼼하게 보았다. 손가락을 가리키며 혼자 설명하다가, 흥미 있는 그림이 있으면 더 보여달라고 하다가, 흥미가 없으면 다른 쪽으로 가자고 했다. 색칠하는 체험 공간에서는 벌떡 일어나 자리를 잡고 성격대로 꼼꼼

아이와 함께 편안하게 즐기는 게 제일 중요한 미술관 산책

하게 종이를 예쁘게 채워 나갔다. 엄마 딴에는 거금을 털어 입장료를 냈으니 불행 중 다행이었다.

〈색색깔깔 전〉을 한 달 만에 또 보게 됐다. 지난번에 좋아했던 그림을 다시 보고 똑같은 말을 했다. 에르베 작가의 첫 그림책《아빠는 엄마를 어떻게 만났을까?Comment Papa a rencontré Maman?》 작품을 보더니 가슴 철렁한 말을 한다.

"엄마랑 아빠랑 사랑해요."

아이에게 가장 중요한 사람은 부모였다. 태린이는 특이하게 에르베 작가의 모습을 좋아했다. 저 할아버지가 좋다며 그의 자화상 그림을 뚫어져라 쳐다봐서 결국 그 그림 엽서를 구매했다. 그 많은 작품 엽서를 두고 그거 딱 한 장만 고르다니, 프랑스어를 열심히 공부해서 아이에게 그를 만나게 해주고 싶은 마음이 간절해졌다.

"엄마 엄마, 이거 이뻐요!"
"응~~~? 이게 왜 예뻐?"
"여기에 레인보우 컬러가 숨었어."

알 수 없는 아이 머릿속이다. 작가 모습이 담긴 시커먼 그림을 좋아한다고 편견을 가질 필요가 없다. 네 살 아이가 이렇게 예쁜 생각을 가지고 있으니.

아이가 항상 얌전히 작품을 보는 것은 아니다. 그때그때 다르다. 사람에 치여 예민할 수도 있고, 그저 뛰어다니는 게 좋아서 아이와 달리기 시합만 하다 돌아오기도 한다. 〈프랑스 국립 오르세 미술관 전〉은 개인적으로 힘들었다. 방학 기간이라 어른도 아이도 엄청 많이 몰렸다. 끊임없이 들어오는 사람들 틈에서 딸아이를 쫓아다니기 바빴다.

엄마가 본인을 제어하려는 낌새를 알아차리고 다른 곳으로 더 신나게 달리며 자유를 만끽하던 딸. 엄마를 도망 다닌 시간이 절대적으로 많았던 날이었다. 전시장에서 유모차를 따로 세워 두고 다른 곳에 관람하는 걸 제지한 터라 그날따라 유모차에 타지 않는 아이 때문에 애를 먹었다. 직원한테 수유실에 잠깐 다녀와야 할 것 같다고 양해를 구하고 재관람을 요청했다. 때마침 낮잠 시간이라 아이를 재우고 다시 혼자 전시를 둘러보고 돌아온 기억이 난다.

아이가 좋아할 만한 전시도 좋지만 되도록이면 사람한테 묻히지 않고 편안하게 관람할 수 있는 시간과 전시를 선택하는 것도 중요하다. 아이가 힘들고 고달픈 경험을 하면, 다시는 가기 싫다고 할지도 모른다. 우리는 보통 어린이집에 보내지 않고 평일에 간다. 인기 많은 대형 전시는 마감일이 다가오면 사람이 몰리니 전시 기간을 알아 두고 미리 다녀오면 좋다. 사람이 많은 전시의 경우 할인 혜택이 큰 '문화가 있는 날'을 오히려 피할 때도 있다.

미술관에 가면 엄마인 나도 감상할 시간을 꼭 만든다. 아이가 잠들면 처음부터 다시 본다. 재관람이 안 되는 경우가 많기 때문에 실컷 뛰어놀고 피곤해할 때는 전시장 끝자락에서 재운다. 태린이는 유모차에만 앉혀두면 금방 잠드는 편이다. 그때부터 내 세상이 펼쳐진다. 이어폰을 꽂고 오디오 가이드를 들으며 나만의 감상을 시작하노라면 아이도 엄마도 행복한 육아가 완성된다. 둘째 태윤이도 유모차에 두면 두세 시간은 푹 잔다. 우리 아이들은 외출해서도 빠짐없이 낮잠 서비스를 선물해준다. 우리들의 공생관계는 이 정도면 완벽해 보인다. 아들아, 너도 계속 잘 부탁한다.

떠수니의 여행 육아 TIP

아이의 미술관 거부감을 줄이는 노하우

1. 어린이집을 하루 쉬더라도 되도록 평일에 방문한다.
2. 주말에 간다면 오픈 시간에 맞춰 가자.
3. 아이 낮잠 시간을 적어도 1시간 앞두고 전시장에 도착한다.
4. 아이 컨디션이 좋을 때 방문한다.
5. 미술관 육아 경험이 없다면 인기 전시를 따라가기보다 아이가 좋아할 전시를 먼저 찾아가자.
6. 아이가 좋아했던 전시(혹은 전시 공간)가 있다면 다시 방문해 친근감을 더해주자.
7. 소풍 나온 기분까지 안겨줄 장소를 먼저 자주 가보자.
8. 추천 도서로는《어린이를 위한 미술관 안내서》(논장, 2018)가 있다.

도서관과 절친 되기 프로젝트

대학 시절, 도서관에서 책을 빌려 읽는 친구들을 부러워했다. 나는 책을 꼭 사서 읽는 타입이었고 밑줄도 그으며 차근차근 여러 번 읽어야 내용이 내 것이 됐지만, 친구들은 도서관 책을 술렁술렁 읽는데도 흡수가 빨랐다. 잘 알려지지 않은 책도 얼마나 많이 읽던지 그런 친구들은 상상력도 풍부했다. 어릴 적부터 책 내공이 쌓인 친구들이었다. 친구들 덕분에 자극받으며 보낸 대학 시절 동안 책 욕심이 많아졌다. 부지런히 책을 사댔다.

하지만 무엇이든 느린 사람이기에 사둔 책을 제대로 읽지도 못한 채 또 쌓아만 갔다. 어설프게 책을 좋아하기 시작했던 나는 언론고시를 준비하는 몇 년 동안 논술이나 작문에 도움될 부분만 훑어보는 버릇이 생겼다. 나는 아직도 독서에 불완전한 사람이다. 여러모로 한계를 더 크게 느끼면서 자녀만큼은 일찍부터 책과 가까운 사이로 만들어주고 싶었다.

가장 먼저, 책이 많은 환경에 노출했다. 태린이가 걷기 전에는 문화센터 수업을 마치면 서점에서 놀다 갔다. 아이가 눈길을 준 책은 재빠르게 집어서 책장을 넘겨줬다. 걷기 시작한 후에는 대형 서점에 갔다. 언니 오빠들이 책 읽는 모습을 물끄러미 바라보았다. 직접 돌아다니며 책을 고르는 일이 많아졌다. 대형 서점일수록 유아동 코너가 커서 어른들이 보는 '엉뚱한 책'을 고르는 일이 적었다. 언제부턴가 진열대 앞에 선 채로 그림들을 보기 시작했다.

그렇게 지내다가 친구 마농이 네 살짜리 딸과 함께 도서관과 북카페, 심지어 이동도서관까지 야무지게 다니는 모습을 보고 자극을 받았다. 책을 정말 사랑하는 엄마와 그 모습을 배워서 책을 좋아할 수밖에 없는 딸.

《크라센의 읽기 혁명》을 읽은 뒤부터, 일주일에 한 번 도서관에 가겠다는 목표를 정했다. 저자 스티븐 크라센 박사는 책이 가까이 있으면 책 읽는 아이로 키울 수 있다고 주장한다. 그 방법으로 가정 독서환경, 학급 문고 상황을 언급하면서도 도서관이 주는 역할을 특히 강조한다. 또 다른 사람이 책을 읽는 모습을 보면 더 많이 읽는다고 한다.

마지막 책장을 넘기고, 의무적으로 책을 읽어줄 시간과 공간을 마련해야겠다고 결심했다. 부끄러운 고백이지만 태린이가 혼자 잘 노는 모습을 보고 안심하며 집안일에 빠지다 보면, 잠들기까지 책 한 권 못 읽어주는 날도 많았다. 책육아가 생각만큼 실천되지 않자 도서관을 정기적으로 찾아 친구처럼 만들어주자고 다짐했던 거다.

처음에는 사방팔방 뛰어다니기만 하는 태린이가 도서관에서도 그러면 어떻게 하나 걱정이 됐다. 우려와 달리 두 번째 방문부터는 먼저 달려가 자리를 잡고 앉아서 책을 한 권씩 골라 읽기 시작했다. 석 달이 지난 뒤부터는 직접 책도 빌려보았다. 아이랑 처음 찾은 양천구 영어특성화 도서관은 아이가 흥분해서 책을 읽어대도 눈치 볼 부담이 적은 장소였다.

요즘 구에서 운영하는 큰 공공도서관들은 '어린이 자료실'을 한 층에 통째로 만들어두고, 한편에 영유아 방을 마련해둔다. 수유실이 있는 곳도 있다. 영유아 방이 아니라도 엄마가 아이에게 책을 소리 내어 읽어줄 수 있는 공간이 도서관에 많아졌다. 심지어 주민센터에 딸린 작은 도서관에도 아이들 방이 있다. 어린이 공간을 늘리는 사회적인 분위기가 어린 자녀를 둔 나 같은 엄마들에게도 도서관에 다닐 수 있는 용기를 주었다.

둘째 태윤이가 백일이 지나 도서관 데이를 재개했다. 고맙게도 태윤이는 잘 우는 아이가 아니었다. 어부바한 채 태린이에게 책을 읽어줬다. 운 좋게 잠들면 옆에 눕혀두고 태린이에게 더 집중할 수 있었

도서관에서 자연스럽게 책과 친해지는 아이

다. 기어 다니는 태윤이를 수시로 잡으러 다닐 때도 있지만, 같은 공간에 있는 사람들은 크게 상관하지 않았다. 서로 잘 이해해주었다.

유아방 출입구 바닥에 깔린 알파벳 매트를 보고 태린이가 '알파벳 송' 노래를 하자 사서 분은 "(귀여운 모습에) 사람들이 못 지나가겠네?"라고 말씀하시더니 노래가 끝날 때까지 미소 지으며 바라보셨다. 대출 창구에서 "나도 나도요. 여기 여기 (대출카드에) 찍찍해주세요."라고 말하는 태린을 사랑스럽게 봐주는 사람들이 없었다면 도서관에 발걸음을 계속할 수 없었을 거다. 아이는 어느새 시키지 않아도 책을 골라 펼치는 습관이 금방 몸에 배였다.

태린이는 도서관에서 책을 계속 읽을 때도 있고 놀기 바쁠 때도 있다. 초등학생 언니들이 읽을 법한 책을 가져와 30분 내내 읽어달라고 보채기도 한다. 어떤 책을 집중해서 보다가도 금방 자리를 뜨고 공간을 돌아다닐 때도 많다. 처음 방문한 도서관에서는 책보다 공간을 즐기기 바쁘다. 보통 어린이 도서관은 아이 친화적으로 인테리어가 돼 있기 때문이다. 무게가 많이 나가지 않은 애라 빨리 뛰어다녀도 쿵쿵 소리가 나지는 않는다. 불행 중 다행이다. 지금은 도서관을 내 집처럼 편하게 여기고 있다. 아이들 방에서는 누워서 책을 볼 때도 많다.

뛰어다니다가도 꽂히는 책이 있다. 도서관데이의 기획 의도를 흐리지 않기 위해 마음껏 고르고 읽도록 해준다. 어떤 날은 아이가 너무 흥분해서 소리를 낼 때가 있다. 다른 아이들에게 피해를 줄까 봐 집에 가자고 하는데 가기 싫다고 울고불고 하기도 한다. 도서관이 친숙한 공간이 됐구나 싶다.

재미있는 사실은 그때그때 관심을 가진 분야 책만 골라 읽는다는 것이다. 세 돌 전후로는 동물 그림만 보면 무조건 들고 왔다. "우아~ 우아~" 감탄사를 내뱉으며 동물을 흉내내기 바빴다가 어느 순간, 해양 동물에 깊이 빠졌다. 고래 사진만 보고 큰 언니 오빠들이 읽는 과학 잡지 책을 매번 들고 오기도 했다. 최근에는 곤충책만 보면 눈이 돌아가서 열 권 넘게 쌓아 놓고 읽어달라고 성화다.

지난 봄부터 네이버 키즈북토리에서 꿈책맘이 진행하는 한글 그림책 프로젝트와 령돌맘이 진행하는 영어동화 프로젝트에 열심히 참여하고 있다. 프로젝트 관련 도서는 거의 도서관에서 대출해서 보고 있는데 짧게는 1주일, 길게는 2주 동안 빌려 우리 책처럼 읽힌다. 프로젝트 자료로 독후활동까지 해서 그런지 몰입도가 크다. 그림책을 함께 빌린 시간이 쌓이고 쌓이자 예전에 봤던 책을 많이 기억하고 진열대에서 찾아왔다.

아이가 이전에 읽었던 책을 가져오면 효과는 배가 된다. 엄마가 그 책 내용을 다 알고 있어서다. 처음 그 책을 접할 때 초등학생들이 읽는 그림책인데도 네 살짜리에게 어떻게 익히게 해줄지 고민했던 노력 덕분에 다시 볼 때는 더 재밌게 읽어줄 수 있다. 다시 읽게 되는 책은 아이도 더 즐겁게 받아들인다.

앞서 언급한 책에서 크라센 박사가 중요시하는 '가볍게 읽기light reading'는 좋고 싫음이 분명한 태린이에게 잘 맞는다. 원하는 책을 마

고래상어를 보고 몸짓으로 표현하는 28개월 태린

음대로 골라 쉽고 재미나게 볼 수 있으니 말이다. 집에 있는 책으로 아이에게 추천해줄 때는 까다로운 태린이에게 실패할 때가 많았다. 집에 둔 책도 결과적으로는 엄마가 골라 책장에 둔 책이 아닌가. 아이 스스로 자기 관심사를 찾아 집중하면 엄마는 그 관심사가 확장될 수 있게 지렛대 역할만 잘 해주면 된다.

엄마가 필요 없을 때도 생겼다. 집에 있는 책을 다른 모녀가 읽고 있으면 태린이가 다가가 아주머니처럼 상관한다. 책을 꺼내 오다가 어떤 언니가 영어 소설책을 읽는 모습을 보고 옆에서 듣고 있기도 한다. 다른 엄마가 읽어주는 책에 귀를 기울이기도 한다. 머리를 맞대고 있던 태린이가 중얼거리면 그 말을 다 받아주고 보던 책을 같이 읽어주는 엄마들도 종종 있다. 자주 다니는 도서관에는 이런 아이를 거부감 없이 받아들여 같이 책을 읽어주는 엄마들이 많다. 감사할 일이다.

책을 다 사주고 싶지만 주머니 사정이 여의치 않다. 도서관에서 대출한 책을 또 빌리게 될 때면, 굳이 책을 다 살 필요는 없겠구나 싶었다. 자주 찾는 영어도서관에는 한글 그림책도 많다. 신착 도서를 빌리면, 직접 새 책을 산 기분이다. 세상에 나쁜 책은 없다지만 도서관에서는 어떤 책을 골라도 다 좋은 책이다. 우리가 모를 뿐이지 조금만 관심을 가지면 도서관에서 꺼낸 어떤 책도 별 볼 일 없는 책이 없다.

도서관에서 한 권이라도 더 읽히면 좋겠지만, 책이라는 보물과 도서관이라는 공간을 모두 아끼고 사랑하는 마음만 이어나갈 수 있어도 도서관 육아는 성공이라고 생각한다. 하원 후에 키즈카페를 찾는 사람보다 도서관을 찾는 사람이 많도록 아이 친화적인 도서관이 많아지길 바란다.

변화무쌍한 육아 트렌드 속에서 공부시키기보다는 책을 더 많이 읽도록 도와주는 엄마가 되겠다고 매일 다짐한다. 아이가 초등학생이 되면 나 역시 무시무시한 경쟁적인 교육 방식에 휩쓸리게 될지도 모르지만, 책 육아는 흔들림 없이 빛을 발휘할 수 있는 좋은 수단이다. 나의 가장 큰 목표는 나도 아이들도 책을 사랑하는 사람으로 성장하는 것이다. 어디를 가더라도 우리 아이들과 나란히 앉아 각자 책을 읽는 날이 오기를 기분 좋게 그려본다.

봄가을에는 문호리 리버마켓

아이들에게 어떤 부모가 되어 줄까 고민해왔다. 좋은 옷과 좋은 책, 번지르르한 장난감을 많이 사주는 부모? 어떤 학원이든 과외든 척척 시켜주는 부모? 어려움에 빠졌을 때 빨리 달려와 척척 해결해주는 부모? 무엇이든 해주고 싶은 마음만큼은 굴뚝같이 차올라 마음 한편은 시리고 아플 때가 많지만, 육아 멘토 오은영 박사가 강연에서 들려준 이야기를 듣고 마음을 다잡았다.

원양어선을 타느라 일 년에 한두 번만 집에 오는 아빠를 초등학교

5학년 딸이 멀리서 바라보고 빨리 달려가서 안길지, 서먹서먹하게 다가가 인사할지 고민한다. 아버지가 갑자기 몸을 숙여 무언가를 하고 있다. 그에게 조심스럽게 다가갔더니 들꽃 한 다발이 들려 있더란다. 그 순간 딸은 아버지를 보고 "아빠~"라고 외치며 두 팔 벌려 달려가 꼭 껴안았다. 그녀는 힘든 일이 있을 때마다 그날 아버지가 안겨주셨던 들꽃 향기를 떠올리며 이겨냈다고 한다.

어린 시절을 떠올리니 답을 찾았다. 친정 부모님은 주말마다 가까운 산과 들, 바다로 우리를 데리고 다니셨다. 한 주도 빠진 적이 없을 정도로 부지런히 근교 여행을 다녔다. 초등학교 3학년 때부터 살던 포항에선 차를 타고 조금만 나가면 산도 계곡도 바다도 쉽게 만날 수 있었다. 숙소를 잡은 적도 딱히 없었다. 하루 종일 물가에서 놀다가 밥을 지어먹고 3~4인용 텐트에서 다닥다닥 살 붙이며 잤다. 라디오를 틀어 노래를 같이 흥얼거리고 쏟아지는 별들을 함께 바라보곤 했다. 파라솔 아래 옹기종기 모여 있던 시간이 눈에 생생하게 그려진다. 우리 자매가 살면서 부모님께 두고두고 감사한 부분이다. 어린 시절 부모님과 함께한 추억이 어떤 일이든 이겨내고 살아갈 수 있는 힘을 준다니, 참으로 마법 같은 일이다.

우리 부부도 서울과 멀지 않은 거리에서 아이들과 특별한 시간을 만들 장소를 찾았다. 그 중 하나가 문호리 리버마켓이다. 양평 문호리 강변에서 매달 셋째 주 주말에 열리는 플리마켓Flea Market. 규모가 '전국 최대'라는 수식어가 붙을 정도로 크고 볼거리도 먹을거리도 많다. 강변을 따라 넓게 펼쳐진 잔디밭이 주말 나들이를 유혹한다. 유기농 농부들이 내놓는 신선한 상품과 다양한 예술가들이 만들어 파는 작품을 구경하다 보면 시간 가는 줄도, 지갑에서 돈이 나가는 줄도 모른다.

생산자만 셀러seller가 될 수 있다 보니 제품 퀄리티도 높다. 셀러들이 힘을 합쳐 자발적으로 운영하고 있어 그런지 다들 나누는 마음씨도 좋다. 어느 가게에 들어가도 얼굴 표정 하나 찡그리는 사람도 없고, 가게 주인끼리 서로 물건을 사고 팔며 정을 나누는 모습도 자주 본다. 이왕이면 사람 향기가 가득한 곳에서 아이들과 놀고 싶었다. 어린이들이 체험할 수 있는 공방들도 많아 아이들도 지루하지 않게 시간을 보낼 수 있다. 길에 놓인 마켓을 한 바퀴 돌 때마다 입구 위에 크게 걸린 노란 깃발 속 문구가 와 닿는다. '만들고, 놀고, 꿈꾸고.' 문호리 마켓은 문화와 감성, 배려, 정이 모두 넘쳐나는 곳이다. 한 번 가본 사람들은 쏙 반해버리니 양평의 명소가 될 수밖에 없겠다 싶다.

문호리 마켓에 갈 때면 우리 가족도 모두 행복해진다. 주말마다 사진 강의하느라 바쁜 아빠가 모처럼 놀아주니 아이들도 더 기분이 좋은가보다. 마음에 드는 장소에서 엄마랑 아빠가 자기만 바라보고 있으니 얼마나 가슴 벅찰까. 엄마랑 아빠랑 번갈아가며 하이파이브를 하고, 비눗방울이 안 나와서 엄마가 식은땀을 흘려도 그것마저도 좋다며 깔깔 웃기도 하고, 제 맘대로 뛰어다니다가 새로 피어날 준비를 하는 꽃봉오리를 보면서 인사도 하고 말이다. 아이들이 여기저기 마

스스로 아뜰리에 공간을 찾아서
그림 그리기 놀이에 흠뻑 빠진 아이

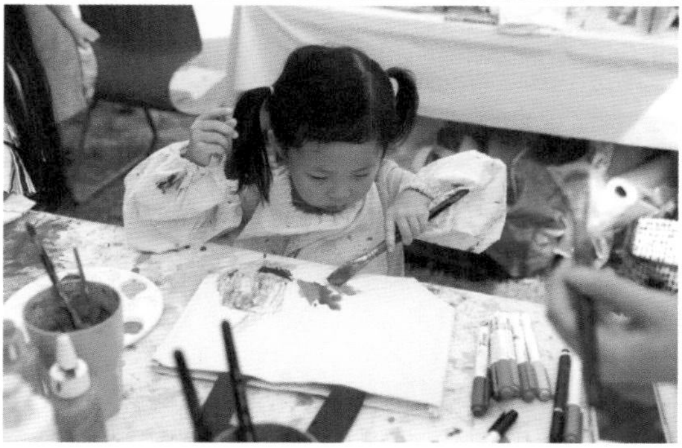

음대로 뛰어다녀도 잡을 필요도 없는 곳. 그냥 뒤에서 따라다니며 지켜만 봐도 좋다. 실컷 뛰어놀다 보면 어느 순간 돗자리로 돌아와서 쉬어간다. 우리 부부는 아이들 모습을 보며 내내 미소를 지었다.

한 계절 지나 방문했더니 아틀리에 부스가 생겼다. 그림 그리기 좋아하는 아이가 본능적으로 물감 냄새를 맡고 부스 안으로 들어갔다. 여기저기 놀이거리를 찾아 끄적거리던 아이가 30분 동안 자리 한 번 뜨지 않고 색칠만 했다. 나는 그저 옆에서 지켜봐주고 도움을 요청할 때만 물감을 더 짜주거나 밑그림을 그려주었다. 집에서 그릴 때보다 더 오래 집중했다.

놀거리가 풍성하지 않은 강변에서도 아이들은 햇살을 받으며 이리저리 잘도 뛰어논다. 어느덧 아장아장 걸음마를 졸업한 아들까지 합세했다. 영유아 육아조차 경쟁이 되어버린 슬픈 시대에 생기 넘치는 얼굴로 서로를 바라보고, 잔디밭을 뒹굴면 우리 가족 모두 영화 속 주인공이 된 것만 같다. 온전히 우리만의 시간을 갖는다. 내가 문호리 마켓을 좋아하는 또 다른 이유다. 자연에 앉아 놀고 있으면 부모도 마음이 순수해진다. 그리고 무엇이 아이에게 진정 바람직한 일인지 부모 스스로 깨닫는다.

어떤 아빠들은 강변 돌을 들춰내 다슬기를 주워주기도 한다. 한편에서는 연을 날리거나 활을 쏜다. 오두막에 올라앉아 놀기도 한다. 산이 아니라서 흙 놀이를 하기에도 적당하지 않고 그늘도 극히 적은 곳이지만, 아이들이 넘어지지 않고 마음껏 뛰어놀기 좋은 곳이다.

발도르프 교육 어린이집에 보내다 보니 백화점 같은 장소가 얼마나 아이에게 자극적인지 알게 됐다. 어린이집을 보낸 2년 동안 아이들을 데리고 백화점에 간 적은 손에 꼽을 만큼 적다. 갇힌 빌딩보다 플라스틱 장난감보다 산들산들 바람이 부는 장소에서 각종 향기가 서린 자연을 느끼는 편이 훨씬 낫다. 운 좋게도 집 근처에는 푸른수목원이나 자연생태공원, 여의도 한강공원이 있다. 교육환경 컨설턴트이자《작은 소리로 아들을 위대하기 키우는 법》저자 마츠나가 노부후미는 잘 노는 아이일수록 성공할 확률이 높다고 주장한다. 호기심에 이끌려 직접 몸을 부딪히며 놀 때 진정한 놀이가 이뤄진다는 것이다. 아이들이 자연에서 몸을 움직여 활동하도록 의식적으로라도 시간을 가져야 한다.

요즘 아이들은 우리가 어렸을 때보다 쉽게 얻을 수 있는 것들이 많다. 유아 때부터 미술학원에 다니고 발레를 배우고 영어를 공부하고 한글을 익힌다. 대한민국 교육 환경에서 나도 얼마나 휩쓸릴지 걱정되지만, 최대한 푸르른 공간과 만나도록 도와주고 싶다. 바쁘게 돌아가는 세상에서도 아이들 마음이 파래질 수 있도록 채워주고 싶다. 들꽃 향기를 안겨주는 부모가 되고 싶다. 태린이와 태윤이가 훌쩍 컸을 때, 엄마 아빠와 뒹굴던 잔디밭 향기를 기억해주면 더할 나위 없이 고맙겠다.

떠수니의 여행 육아 TIP

문호리 리버마켓을 즐기는 법

- 눈이 오나 비가 오나 한파일 때나 상관없이 마켓이 열리지만 간혹 토요일 일요일 모두 안 열 때도 있으니 매달 일정을 확인하고 움직이자.
- 강변 쪽 나무 아래에 바짝 자리를 잡는다. 나무가 많은 그늘은 마켓 끝자락에 많지만, 좋은 자리는 오전 중에 다 찬다. 그늘이 많이 없어 뜨겁기 때문에 마켓만 둘러보고 갈 생각이 아니라면 텐트를 챙겨 가자.
- 텐트에 앉아 있으면 개미가 많이 들어온다. 아이들 몸과 텐트 구석구석에 벌레퇴치제를 뿌려두자.
- 마켓에는 슈퍼마켓이 없다. 물과 커피, 탄산과 같은 음료는 미리 준비하자. 맛 좋은 음식을 푸드트럭에서 다양하게 팔 때도 있지만, 계절에 따라 없을 때도 있다. 주변 식당에서 해결하는 방법도 있다.
- 목공이나 아틀리에 등 어린이 체험 거리를 다양하게 경험해보자.

장소 경기도 양평군 서종면 문호리 655-2(서종면 북한강로 941)

시간 매달 셋째 주 토, 일(일정은 네이버 카페 '문호리 리버마켓' 공지사항 참고)

수국

활짝 피던 날

집밖에 있는 아내를 좋아하지 않는 남편. 어쩌나! 나는 나갈 궁리만 하는 걸. 하지만 그런 내 모습을 끔찍하게 싫어하는 남편 눈치에 어쩔 수 없이 자제하고 살았다. 넉넉한 삶이 아니었던지라 마음을 내려놓고 살다가도 폭발할 때가 있다. 욕심 하나 없이 지낸다고 생각하니 그렇게 서러울 수 없었다. 집에만 있으면 정말 그랬다. 나를 들여다보고, 못난 나를 이겨내려면 다른 장소가 필요했다. 호텔이랑 비행기, 숙소까지 알아봤지만 돈이 아깝다는 생각에 포기하고 말았다.

'내가 어쩌다 이 지경이 된 거야!'

'시간을 돈 주고 사서라도 즐기며 살겠다고 하지 않았니?'

떠나지 못하는 내 자신이 더 슬펐다. 현실이 주는 무서움. 분명히 또 암흑기였다.

다음 글은 2017년 다이어리에 끄적인 기록들이다.

6월 26일

하루 종일 집안일. 오전이 허무하게 지났다. 배가 너무 고파 백화점 식당가에서 떡만둣국 한 그릇을 꾸역꾸역 겨우 넘기고 집으로 돌아와 잠깐 숨 돌리고 보니 태린이가 돌아올 시간이다. 애랑 잠깐 시간을 보내다 저녁 준비하고 치우니 밤 9시. 하루 종일 청소만 했다. 바깥 출입을 함께할 마음도 없는 남편. 나한테도 무조건 나가지 말란다. 쉬라고 하면서 집에서는 정작 나몰라라. 더구나 이것저것 해줘도 먹지 않는 딸. 그냥 지치고 눈물 글썽이는 날.

6월 27일

우울증이 심해졌다. 집에만 있으면 계속 치우기 바쁘고 태린이랑 대강 놀아줘도 금방 저녁이다. 식사부터 챙겨야 하니 벅차다. 정작 내가 먹는 밥 따윈 관심도 없는 남편. 늘 자기만 피곤하고 힘들지. 내가 잠깐씩 나가서 사람들 보고 오는 게 꼴도 보기 싫은가

보다. 내가 우울증이 심하다는 사실을 알기나 할까? 관심도 없지. 자기도 돈 걱정에 마음이 무거운 상태니까 나보다 더 힘들고 슬픈 상황에 처해 있으니 나 따위 보일 리가 없겠지.

지난 일기를 보니 임신 호르몬이 제 역할을 꽤 했구나 싶다. 어디라도 나가지 못하면 미쳐버릴 것 같을 때 곁에 나를 포함한 사남매가 있었다. 레옹 오빠, 레아 언니, 동갑내기 마농. 프랑스어 스터디 '몽싹'에서 만난 우리는 어느 봄날 점심을 같이 먹다가 따뜻한 햇볕에 취해 듬직한 남매 사이가 되기로 했다. 친오빠가 없는 우리에게 울타리 같은 레옹. 사업 때문에 항상 바쁜 오라버니가 숨고르기 하는 기간이 있었다. 그때 당일치기로 실컷 놀다 오기로 했다. 슬픈 일기만 쓰던 나날을 뒤로 하고 며칠 뒤 태안으로 떠났다. 임산부가 여기저기 돌아다니는 걸 불안해했던 남편을 위해 사남매가 대신 허락을 받아줬다.

"셀린을 데리고 하루만 바람 좀 쐬고 와도 될까요? 둘째 나오면 더 못나갈 거잖아요. 맛있는 음식도 먹고 바람 좀 쐬워주고 올게요."

애교 섞인 레아 언니 목소리 덕분에 흔쾌히 외출 동의를 받았다. 마농 딸 서은이와 태린이도 엄마와 함께 아침 일찍 길을 나섰다.

서산에 들러 생선구이 정식과 멍게 해삼까지 배불리 먹고 말로만 듣던 천리포 수목원에 도착했다. 바다를 끼고 있는 수목원이라 안개

낀 풍경이 묘했다. 안개가 바다를 완전히 가렸지만 느낌이 나쁘지 않았다. 자욱한 안개를 계속 걷자니 천국으로 가는 길 같았다. 햇빛이 내려쬐는 날씨보다 촉촉한 날씨가 내 기분과 어울렸다.

태린이는 서은 언니가 딸기주스를 건네니, 입에 대지도 않던 주스를 따라 마셨다. 자기가 동생이면서 수시로 언니 손을 잡고 이끌어 갔다. 태린이는 하고 싶은대로 자신을 따라줘야 좋아한다. 묵묵하게 옆에서 지켜봐 주고 장단을 맞춰주니 태린이는 서은 언니가 마음에 쏙 들었다. 엄마와 이모 삼촌 따라서 종종 걸음을 가다가도, 둘이서 킥킥거리며 뛰어다녔다.

그러다가 위험할 때면 서은이는 태린이를 따라가며 언니 역할을 톡톡히 했다.

"태린아, 같이 가. 언니 손잡아."

태린이는 혼자 걷다가도 '아차' 싶은지 발걸음을 멈추고 뒤돌아서서 언니 손을 잡았다.

천리포수목원은 그야말로 수국 세상이었다. 50여 가지 수국이 저마다의 색깔과 모양으로 여름을 빛내고 있었다. 사실 수국을 잘 몰랐다. 지인들이 수국을 보러 제주도를 간다고 했을 때 수국이 어떻게 생겼는지 알아봤다. 종달리든 비양도든 언젠가 수국을 보리라고 마음을 먹었었는데 그렇게 우연히 수국을 만났다. 고귀한 색에 감탄사가 절

아이들 걸음 속도에 맞춰 걸으니
어른들은 평소보다 자세히 식물을 들여다볼 수 있었다.

로 나왔다. 오랜만에 아름다운 태교가 이뤄졌다.

사방에 핀 꽃을 보고 있자니 사랑 문제로 울고 있다면 울지 말고 꽃을 보라던 정호승 시인의 말이 떠올랐다. 꽃은 우리를 사랑해서 피어나므로, 피어난 꽃을 보며 사랑받는 지금을 기억했다. 여름에도 화려한 꽃밭을 볼 수 있어 행복해졌다. 수국 한 송이가 꽃다발 선물 같았다. 그 많은 꽃잎을 정성스럽게 모아준 마음이 고마웠다.

수국의 꽃말은 '변심'이다. 토양 환경과 조건에 따라 색깔이 변하기 때문이란다. 처음에는 파란색으로 보이다 점점 붉게 변하는 수국도 있다. 전문가 한 분은 주어진 환경에 최선을 다해 살아가기 위한 노력이 가상하다고 했다. 설명을 듣고 나니 수국이 더 친근해졌다. 어떤 상황에서든 꿋꿋하게 이겨내는 내 모습 같았다.

우리 넷은 아이들만 바라봐도 좋았다. 일정과 걸음걸이는 아이들에게 맞춰졌다. 어린이집을 안 가는 대신 엄마와 단둘이 데이트하러 나온 아이들은 들떠 있었다. 서산 생선구이 가게에서 먼지 많은 커튼 뒤에 숨고 깔깔거리는 아이들. 어른들이 시킨 적도 없는데 손을 잡고 서로를 존중해주는 마음도 참 예뻤다.

마농과 나는 열정이 넘쳐나는 사람들이다. 엄마가 된 걸 후회한 적은 없지만 엄마가 된 후로 하고 싶은 일을 마음껏 펼치지 못하는 상황이 스스로에게 너무 안타까웠다. 한 번의 기회를 얻기 위해 남편과 끊임없이 투쟁하는 우리. 그런 닮은꼴에 위로하고 다독여주며 서로의 꿈을 응원해왔다. 남편한테 싫은 소리를 듣고 싶지 않은 마음에 아이들을 데려오긴 했지만, 아이들이 행복한 모습을 보고 있으니 엄마들의 마음도 정화되고 있었다.

"아무리 힘들고 하고 싶은 일 다 못하고 살아도…, 낳기 잘 했어."
"맞아. 낳기 잘 했어, 진짜."

그렇게 말하고 나니 우리 삶을 더 위로할 수 있었다. 열정이 넘치지만 엄마라는 무겁고 무섭기만 한, 아직도 낯선 역할에 이러지도 저러지도, 포기해야 하는 것도 많은 우리. 아이들 노는 모습을 보며 활짝 웃는 모습을 보며 행복한 결론을 내렸다.

아이들 걸음 속도에 맞춰 걸으니 어른들은 평소보다 자세히 식물을 들여다볼 수 있었다. 보통 같았으면 "예쁘네" 하고 지나치고 말 것을, 가까이 다가가 들여다보고 조심스러운 손길로 어루만져주기도 했다.

임산부였던 나에게는 오가는 길도 기가 막혔다. 레옹 오빠는 문정동에서 신림동에 사는 레아 언니를 싣고, 그 다음엔 일산에 사는 마농을 싣고 우리 집에 왔다. 서울로 올 때는 우리 집부터 들러 나와 태린이를 제일 먼저 데려다줬다. 정말 고마웠다. 마음 하나하나가 전부 감동이었다.

아이가 어릴수록 가족 없이는 여행 가기 힘들다. 나처럼 하루 여행 한 번으로 열흘을 사는 사람에게 사랑이 넘치는 날을 선사해준 사남매에게 감사할 뿐이었다. 덧붙여 아이들과 고속도로를 탄다고 정기점검은 물론 타이어까지 모두 교체한 레옹 오빠에게 제일 감사한 마음을 전한다.

두 엄마 네 아이 태안 여행

추운 겨울. 두 엄마가 겁 없이 떠났다. 엄마 둘에 아이만 넷이다. 둘째를 낳아도 같이 여행 가자고 농담 반, 진담 반으로 내뱉던 말을 예정보다 빨리 실천했다. 태린이가 한 살 때부터 일주일에 몇 번씩 만나 공동육아를 해온 준우네와 어린이집도 같은 곳에 보내면서 부모도 아이도 더 돈독해졌다. 친구들 중 준우가 최고라는 태린. 같은 유치원까지 다니게 됐으니 어찌 된 운명일까. 축하 여행이라도 떠나야 했다.

늘 베풀어주시는 채정 오라버니가 아이들과 좋은 시간 보내고 오라고 숙소를 대신 잡아 주셨다. 원래는 소백산 카라반 펜션에 갈 예정이다. 이런저런 이유로 늦어져 한겨울에 떠나게 되자 오라버니는 아이들이 고생할지 모른다고 서울에서도 가까운 안면도로 추천해주셨다. 구례 여행 때처럼 믿을 만한 좋은 주인장이 있는 숙소를 알려주셨다. 오라버니 덕에 지역보다 숙소를 정한 뒤 움직이는 일도 익숙해졌다. 방이 하나라도 엄마들은 좋았다. 다닥다닥 붙어 놀아보고도 싶었다.

각자 차를 끌고 갔다. 큰 차를 빌려 한 대로 갈까 했지만 비용도 비용이거니와 비상시 따로 움직일 수 있고 아이들 성향도 모두 달라서 차에서만큼은 예민하지 말라고 따로 움직이기로 했다. 엄마 둘 다 고속도로 운전을 어려워하지 않았다. 첫날 일정을 천리포수목원으로 정하고 인근 식당에서 만나기로 했다.

태안 지역에서 안 먹으면 안 될 것 같은 게국지를 먹고 천리포수목원으로 갔다. 일상에 치여 그날 아침 급하게 결정한 장소였다. 떠나기 전부터 '죽음의 여행'이라고 말할 정도도 각오해뒀거늘, 초반부터 생각하지도 못한 선물을 받았다. 첫 선물은 수목원 내 갤러리에서 열린 크리스마스 전시였다. 아이들이 놀기도 좋고 사진 찍기도 아기자기한 소품이 많은 스튜디오 같은 공간이었다.

태린이와 준우는 인디언 텐트 속에 들어가 몸을 비비적거리다가 푹신한 소파로 달려가 수시로 손을 잡았다. 은유는 사방을 기어 다니며 열심히 바닥 청소를 했다. 태윤이는 형님들 사이를 굳이 비집고 방해를 하다가도 크리스마스 장식이 좋은지 나무에 달린 방울을 만지고 돌아서고를 반복했다. 아이들이 안 좋아할 수 없는 장소였다. 우리

천리도 수목원에서 받은 선물,
크리스마스 특별 전시

만 있어서 엄마들 마음도 편했다.

다음 날엔 모래놀이를 하고 싶던 아이들 갈증을 풀어주려고 바다로 향했다. 숙소 사장님 내외분도 추천하신 꽃지 해수욕장. 비수기라 사람이 거의 없었다. 모래도 깨끗했다. 아이들은 알아서들 놀기 시작했다. 혹시 몰라 차에 늘 넣고 다니는 반찬 통과 모래놀이 세트 일부가 오랜만에 제 역할을 했다. 태윤이를 재우자마자 두 아이와 바다로 달려갔다. 오른쪽엔 태린이, 왼쪽엔 준우 손을 잡고 물에 흠뻑 젖은 모래 위에서 밀려오는 파도를 피해 앞뒤로 왔다 갔다 했다.

"준우야! 태린아! 간다 간다. 앞으로! 앞으로! 뒤로! 뒤로!"

"깔깔깔깔. 깔깔깔깔."

태린이는 양말도 미리 벗어둔 상태였다. 바지까지 걷어올린 두 아이는 본격적으로 바다와 놀기 시작했다. 파도가 오가며 생긴 거품을 두 발을 번갈아 내려놓으며 없앴다. 샌드백 삼고 나도 마구 밟아댔다. 셋 다 바보같이 웃어댔다.

발 하나 시리지 않은 봄날 같은 날씨였다. 어느새 넷 다 코트를 벗었다. 미세먼지가 많은 날이었지만 엄마 둘은 여행지에서는 예민함이 제로였다. 시간 가는 줄 몰랐다. 태윤이가 내리 3시간 반을 자니 태린이와 수시로 급할 것 없이 놀았다. 태린이가 쌓은 모래집 위에 잔뜩 주워온 하얀 조개를 가득 얹었다. 태린이는 조개집이 마음에 들었는지

바다에서 파도와 모래를 친구 삼아 더 즐거운 아이들

엄마를 따라 모래집을 조개로 다 둘렀다. 준우는 모래 밭 위에 눕고 구르며 광합성을 제대로 했다. 꽃지 해수욕장은 두 번째 선물이었다.

가까운 가족과 여행을 오니 태윤이와도 마음 편히 놀 수 있었다. 모래를 한 줌씩 쥐어 놓고 사방에 깔린 흰 조개껍데기를 두고 골뱅이만 모아 모래 위에 계속 얹었다. 엄마 다리 위에 모래를 뿌려대기도 했다. 바다로 가까이 가자던 아들 손을 잡고 걸어 나갔다. 엄마한테 물을 다 튀기고도 남을 녀석이 의외로 조심조심 발바닥을 떼며 천천히 걸었다. 바다 거품을 만지더니 감상에 빠졌다.

"오~오~오~오~"

그러면 엄마도 그대로 따라서 말했다. 엄마가 언제든 옆에 있으니 태윤이는 한결 편해 보였다. 원고 마감을 앞두고 이 녀석이 제일 힘들어했다. 엄마가 잠시라도 없으면 우울해했고 하원 후 돌아와서는 엄마 치맛자락만 붙잡고 다녔다. 짜증만 부리면서도 어떻게든 엄마를 느끼고 싶은지 내 몸에서 떨어지지 않았다. 막판엔 엄마가 주는 밥을 거부하기도 했다. 그랬던 아들이 엄마를 지그시 바라보고 있었다. 밖에 나오면 엄마 손도 뿌리치며 걷던 모습도 사라졌다. 손을 잡고 같이 천천히 걸으니 아들에게 미안했던 마음도 발자국마다 내려놓을 수 있었다.

바다에서 한 4시간을 실컷 놀았으니 엄마들은 낮잠 시간을 준비했다. 네 아이 모두 차에 타면 금방 잠드는 편이라 적당한 거리로 이동하며 재우기로 했다. 10킬로미터 떨어진 샛별 해변으로 갔다. 이곳도 지도만 보고 단숨에 정해버렸다. 예상대로 태윤이도 태린이도 잠들었다. 해변이 바로 보이는 곳에 차를 올려댔다. 외도가 한눈에 들어왔다. 몽글몽글 조약돌이 가득 차 서해 같지 않았다. 고마웠던 해는 하루를 마감할 준비를 하고 있었다. 바닷물이 서서히 빠져 바닥은 유리처럼 반짝거렸다. 물이 한창 빠질 시기라 우유니 사막을 연출했다. 엄마 둘은 감격스러웠다. 물이 빠진 장소에 우리 그림자도 비쳤다. 아무도 없는 해변가에서 우리만 누리는 귀한 풍경이었다. 지도만 보고 단숨에 정했던 샛별 해변은 세 번째 선물이었다.

20분 정도 지나 태윤이가 깼다. 태윤이를 안고 바다로 나갔다. 아기띠로 안아보기도 오랜만이었다. 아들은 기다렸다는 듯 머리를 엄마 품에 파묻었다. 내려 두니 성격과 다르게 조심스럽게 걸었다. 종종종 걸어 다니다 가끔은 손을 아래로 뻗어 진흙을 살짝 스쳐 만졌다. 앞으로 한참 걸어 나가다가도 다시 뒤돌아 엄마에게로 왔다. 감사하게 주어진 시간에 아들 스트레스를 풀어주려고 노력했다. 10개월부터 걷기 시작한 아이지만 밖에 나와서도 엄마가 누나랑 놀아주느라 바빠서 유모차에만 묶여 있던 녀석. 생기 넘치는 아이가 유모차에 얌전한 고양이처럼 앉아 있을 때마다 마음이 편치 않았다. 이번 여행에서는 아들과 스킨십 빈도도 확실히 늘었다. 며칠 전까지도 체력을 아껴둔다는 이유로 쓸데없이 안아주는 일도 삼갔던 잔인한 엄마였다. 병원

첫째 아이를 신경 쓰느라 잠시 소홀했던 둘째 아이와 모처럼 즐거운 시간

에 갈 때도 건물 주차장에서부터 유모차에 태워 오르내렸다.

동해에만 익숙했던 내게 처음으로 서해가 마음에 닿았다. 회맛도 없고 생선 맛도 동해보다 못한 서해를 내심 무시해왔었다. 서해는 가볍고 얕기만 하다고 불평하지 않았던가. 한겨울 여행이 아니었다면 서해 매력을 모르고 지나갔을지 모른다. 샛별 해변의 매력에 빠진 엄마 둘은 끌어안고 셀카를 찍었다. 기분이다! 저녁은 거하게 챙겨 먹기로 했다. 우리는 맛집을 찾아 게국지와 간장게장, 양념게장이 모두 나오는 2인 세트를 주문했다. 준우 아빠가 '카드 찬스'까지 선사하였으니 가출한 입맛도 돌아올 수밖에 없었다.

이 정도면 아빠 없는 여행이 순조로웠다. 아이들도 잘 놀고 엄마 둘이 손발이 잘 맞아서다. 내가 식사를 준비할 동안 준우 엄마는 크리스마스 장식 만들기 놀이 세트를 꺼냈다. 엄마들이 봐줄 정신은 없지만 둘이서 머리 맞대고 크리스마스와 전혀 관계없어도 제각각 이유도 있고 제목도 있는 창조물을 연신 선보였다.

밥을 먹이고 나갈 준비할 때가 가장 힘들었다. 무법자 태윤과 먹방 요정 은유를 막으려면 잠시라도 정신줄을 놓으면 안 됐다. 둘째들은 무작정 달려들어 상을 엎었다. 태윤이는 정작 입으로 가는 것도 없이 옷만 요란하게 밥풀을 묻혔다. 그 와중에 첫째들도 먹어야 했다. 첫째들은 빨리 바다로 나가자고 난리였다. 엄마들은 선크림 하나 겨우 바르고 숙소를 나왔다. 아이라이너는 사치였다. 벌써 오전 10시 반이었다.

걱정거리도 있었다. 둘째 날 아침 준우가 열기운이 있었는데 저녁 때 되니 38도를 훌쩍 넘어 쳐지기 시작했다. 우리는 어린이집 같은 반 친구가 A형 독감에 걸렸다는 사실을 접했다. 준우 엄마는 태린이랑 태윤이도 한 방에서 고생할지도 모른다는 판단에 밤에 서울로 올라가겠다는 결정을 했다. 차량 전조등도 나간 상태라 위험해서 같이 가려고 했더니 준우 엄마는 극구 우리 셋을 남겨두었다. 서로 마음을 잘 알고 있었다.

준우네를 보내고 진짜 전쟁이 시작됐다. 이것이야말로 죽음이었다. 나 홀로 두 아이를 씻겨야 했다. 태윤이가 엄마랑 분리되는 일에 민감해진 시기여서 둘을 한 번에 씻기기로 했다. 아이들과 모래밭에 같이 뒹굴었던 날이라 나도 옷을 훌러덩 벗었다. 욕실 온도를 높이기 바쁜데 태윤이가 내 몸을 구석구석 만져서 속옷만이라도 주섬주섬 다시 입었다. 그동안 엄살이었을까. 막상 씻겨보니 어렵지 않았다. 마음에 여유가 없어서 그랬을까. 여행지에선 아이들을 오래 씻겨도 아이들에게 급한 마음이 없었다.

방에 가득한 모래와 과자 부스러기들을 쓸고 설거지도 간단히 하고 나니 벌써 밤 10시였다. 방 가득 요를 깔고 아이 한 명씩 번갈아 김밥 놀이를 했다. 둘 다 차례를 기다리며 엄마품을 즐겼다. 불을 끄자마자 둘 다 잠들었다. 어디서든 잘 자는 아이들을 바라보며 미래에 있을 우리 셋의 여행을 상상해 보았다.

다음 날 아침, 두 아이는 평소대로 일찍 깼다. 늘 그랬듯 아침 식사부터 챙겼다. 집에서 가져온 라면포트로 국과 조리용 공깃밥을 데워 바닥에 그릇을 펼쳤지만 두 녀석 모두 먹지 않았다. 태린이는 누워서 밥 먹으라는 엄마 말을 콧등으로만 들었다. 방바닥에 계속 누워 있으면서 엉덩이가 뜨겁다고 징징거렸다. 태윤이는 변기 뚜껑을 열고 손을 넣는 시도를 수차례 했고, 먹지도 않으면서 온몸에 밥풀을 묻혔다. 결국 나는 큰소리를 쳤다. 정신 나간 통에 설거지도 마저 하고 옷을 입히려니 태린이가 안 입겠다고 고집을 부렸다. 전날 저녁까지 말 잘 듣고 밥 잘 먹었던 강아지들은 어디 갔을까. 그렇게 두 시간이 흘렀다.

남편의 빈자리가 느껴졌다. 밤샘 작업을 한 나를 좀더 재우겠다고 아들이 일어나자마자 우유를 먹이고 등원 준비를 해주는 남편. 언제부턴가 아이들 가방도 모두 챙겼다. 그것뿐인가. 아이들 옷까지 입혀주고 출근한다. 나는 밥만 잘 먹이면 됐는데 그날 아침에는 수만 가지 역할을 하느라 머리가 터졌다. 남편에겐 아빠로서 당연히 해야 할 일이라고 생색내지 말라고 하면서도 막상 혼자 있으니, 전쟁 중 남편 잃은 여인네와 다를 바 없었다. 우여곡절 짐까지 챙겨 차에 실었다. 캐리어와 아이스박스도 평소엔 들지도 못하는데 이럴 땐 없던 힘도 생기나 보다.

우리 여행의 마지막 일정은 안면도 자연휴양림이었다. 아침부터 두 아이와 씨름하면서 바로 서울로 올라가야 할 예감이었지만, 준우네 먼저 보내 놓고 한 군데는 예의상 들러야 할 것만 같았다. 태윤이가 낮잠 잘 시간이니 태윤이를 유모차에 태우고 둘러보기로 했다. 유모차를 꺼내자마자 태린이가 유모차를 탔다. 곧 죽어도 유모차에서 나오지 않겠단다. 저도 잠이 와서 그런지 그날따라 유모차에 집착했다. 어쩔 수 없이 태윤이를 아기띠로 안고 태린이를 유모차에 태운 채 산책을 시작했다. 산책로는 유모차를 끌고 다닐 수 있게 잘 닦여진 곳이었지만 산을 넘어가는 코스라 40도 각도를 타고 등산을 해야 했다. 겨울엔 아이들 옷도 무거워서 하나를 안고 하나를 끄는 일은 저질체력 소유자인 나에게 운동이 아니라 노동이었다. 역시 예감이 틀린 적이 없다. 잠든 태윤이를 보여주면서 태린이를 슬슬 꼬셨다.

"지금부터 엄마랑 태린이랑 손잡고 실컷 놀 수 있겠다."

태린이가 유모차에서 내렸다. 태윤이를 눕혀 두고 우리는 나무 오리 의자로 손잡고 달려갔다. 태린이는 갑자기 웃음꽃을 피웠다. 알 수 없는 딸. 감정싸움은 일단락됐다. 사진 찍어줄게 서있어 보라고 말하면 두 손가락 굳이 꺼내 포즈도 척척 취해주는 딸. 이 정도면 엄청난 발전이다.

이곳은 수목원이라기보다 가족들과 산책하기 좋은 정원 느낌이었다. 한옥집도 있고 연못 딸린 정자도 있고 대나무 숲도 있었다. 쉴 곳조차 고즈넉하고 한국스러웠다. 한옥집에 올라가 보자던 아이 말을 들어주려고 유모차를 번쩍 들어 계단을 올랐다. 처음 본 벌레들을 보고 수다쟁이가 됐다.

“안녕 안녕~ 만나서 반가워. 난 태린이야. 우아~우아~ 진짜 많다. 너희는 이름이 뭐야?”

우리는 수시로 솔방울을 주어 유모차에 실었다. 어느 숲에 가든 솔방울 줍기는 기본이다. 유모차를 세우고 통통한 솔방울을 서너 개 줍는 사이 유모차가 사라졌다. 유모차가 굴러 연못 코앞에서 엎어졌다. 5초 만에 일어난 일이다. 연못 둘레에 있던 돌계단에 걸려 다행이었다. 가슴이 내려앉았다. 모자도 두 겹으로 쓰고 있던 데다 유모차 차양까지 내려진 상태라 크게 다치지 않았지만 엎어진 곳이 하필 바위가 뾰족하게 나온 곳이라 이마에 혹이 났다. 태윤이는 당황스러웠는지 크게 울었다. 파래진 이마를 어루만지고 유모차에서 꺼내 안아주었다. 어쩔 줄 몰라 내 손짓도 어색했다.

“미안해. 미안해. 엄마가 미안해. 우리 아가 미안해. 미안해…….”

태윤이가 다치자 태린이도 적잖이 놀란 눈치였다. 태린이는 그 이후 유모차에 욕심을 부리지 않았다. 다행히 태윤이는 울음을 그치고 다시 잠에 들었다. 중간중간 유모차를 세울 때마다 깨달았는데 평지에서도 유모차가 움직였다. 직원분께 여쭤보니 산을 깎아 만든 지역이라 애초부터 비와 눈 내릴 때를 감안해서 배수가 잘 되도록 만들었다고 했다.

되돌아갈 때쯤 태린이가 안아달라고 했다. 잠도 올 때고 1킬로미터를 넘게 걸었으니 슬슬 고단할 때가 됐다. 태린이를 아기띠로 어부바 했다. 그렇게 앞에는 태윤이를, 뒤에는 태린이를 태우고 산을 다시 넘었다. 주차장에 도착할 때까지 태린이는 잠들었다. 태윤이는 잠시 깼지만 고속도로를 타자마자 다시 눈을 감았다. 두 아이는 한 번도 깨지 않았고 집에 도착하기 10분 전에 눈을 떴다.

이마를 크게 졌지만 태윤이한테 별다른 구토 증상은 없었다. 3주째 사라지지 않던 중이염이 여행 이후 모두 없어졌다. 대신 편도염 때문에 이틀 동안 열이 났다. 준우 동생 은유까지 고열 행렬에 합세했지만 두 엄마 모두 각오해서 그런지 덤덤했다. 아이들과 평화롭게 지낸 시간이 그저 감사했을까. 두 엄마는 선물 같은 여행이 고맙기만 해서 여행사진을 수시로 들여다보았다. 준우네 없이 보낸 시간은 아쉽기도 힘겹기도 했지만 우리 셋만의 여행을 그려볼 기회를 주었다.

태안 여행으로 우리 여섯의 마음 전시장에 얼마나 예쁜 추억들이 저장될까. 그 추억이 아이들을 어떻게 키워줄까. 우리는 아이 넷을 데리고 다닐 용기가 더 생겼다. 오늘 당장 "우리 강릉 갈래?" 물어보면 바로 "가자~"고 답할 준우 엄마. 아니 예지. 점심으로 컵라면을 먹자고 해도 서로 눈치 볼 필요 없는 사이라 더없이 좋다.

떠수니의 여행 육아 TIP

아이와 여행 할 때 고속도로 수월하게 타는 비법

1. 교통체증이 적은 평일에 일정을 잡고 움직인다.
2. 아이들 낮잠시간을 30분에서 1시간 정도 앞두고 출발한다. 앞뒤 시간을 벌기 좋다.
3. 아이가 잘 때 최대한 많이 움직인다. 차가 멈추면 자던 아이가 보통 깬다. 주유도 미리 해두고 휴게소는 되도록 들리지 않는다.
4. 휴게소에 오래, 자주 머물지 않아야 아이가 덜 지치지만, 많이 밀려 시간이 많이 지체되면 산책로가 있는 휴게소에 들러 숨통을 충분히 틔워줄 필요가 있다.
5. 음료 및 간식거리를 차에 다양하게 준비한다.
6. 아이들이 울거나 보채도 동요하지 않는다. 엄마가 아이에게 흔들리지 않는 시간이 쌓이면 아이도 엄마 태도에 적응한다.
7. 아이들이 불편하지 않게 겉옷을 벗기고 태운다. 햇빛 가리개도 미리 설치해둔다.
8. 남편과 고속도로 운전 연습을 틈틈이 해둔다.

눈물 삼킨 고모리 나들이

남편이 웬일로 여행 건수를 만들어왔다. 남편 절친 종진 오빠네와 포천 고모리로 당일치기 여행이다. 두 가족 모두 뱃속에 있던 아이를 무탈하게 낳고 1년 만이다. 이들이라면 나도 무조건 오케이다. 밝고 긍정적이고 배려심이 깊은 부부라 어디를 가든 우리도 마음이 편했다. 여행 코드도 잘 맞았다. 쉬는 날이면 무조건 나가고, 매주 캠핑가는 재미를 아는 이 부부는 잠깐 바람 쐬러 나왔다가 급작스럽게 숙소를 잡고 놀다 갈 정도다. 우리 남편과 이루지 못한 삶이지만 기본 양념통을 차에 싣고 다니는 두 사람을 보며 대리만족을 하곤 했다. 종진 오빠네와 자주 만나면 남편도 조금씩 자극을 받을 거라 내심 기대했다. 여자들은 저 멀리 앉혀 두고 남편만 질질 끌고 가서 저녁을 준비하는 사람이 친구라니. 감사할 일이다.

"이거 씻어, 인마."

"(야채를 썰어본 적도 없는 남편에게) 난 찌개를 끓일 동안, 넌 구워 먹을 야채를 썰어봐. (씨익 웃으며) 인마, 이건 얇게 잘라야지~."

고모리 가던 날은 사실 슬펐다. 종진 오빠의 아내, 언니가 아팠다. 힘겹게 가진 딸 예린이의 돌을 치르고 얼마 안 지나 유방암 판정을 받고 수술을 했단다. 뒤늦게 소식을 접한 나는 안타깝다 못해 마음이 아파서 길가에 선 채 엉엉 울고 말았다.

"어떻게, 어떻게 어떻게, 어떻게, 어떻게……… 어떻게 어떻게 어떻게 어떻게… 엉엉엉."

남편과 통화하면서 '어떻게'라는 말을 100번은 내뱉었다. 하늘도 무심하시지 착하디 착한 사람들에게 왜 그런 아픔을 주셨을까. 항암치료를 한 번 했는데도 머리가 너무 빠져 결국 밀기로 했단다. 삭발하기 바로 전날, 그녀는 우리 가족이랑 놀고 싶다며 연락을 했다. 얼마나 소중한 제안인지. 우리 부부는 그날 잡힌 일정을 모두 조정했다.

서로 어울리며 잘 노는 아이들.
엄마는 사랑스런 아이를 바라보며 얼마나 많은 눈물을 삼켰을까.

두 가족에게 선물이라도 하듯 날씨가 정말 좋았다. 파란 하늘에 흰 구름이 적당히 둥둥 떠다닌 날이었다. 오소희 작가의 《바람이 우리를 데려다 주겠지》와 짧게 쓴 편지를 준비했다. 그런데 일상도 뭉클한 시점에서 이 책을 언니가 읽으면 더 슬퍼지겠다 싶었다. 고민 끝에 나중에 주기로 남편과 의견을 모았다.

어여쁜 딸아이 예린이를 바라보며 마음 무너지는 하루하루를 보내고 있을 거라 생각하니 마음이 쓰렸다. 약속 장소해 먼저 도착했다. 아내가 눈물쟁이라는 사실을 너무 잘 아는 남편은 꾹꾹 참아야 한다고 신신당부했다.

드디어 종진 오빠네가 도착했다. 차에서 내린 언니가 먼저 해맑게 손을 흔들며 인사했다. 울음이 도망가버렸다. 감히 눈물을 흘릴 수가 없었다. 푸짐한 정식 한상을 해치우고 공간이 넓은 카페로 이동했다. 차도 식사도 브런치도 모두 가능한 데다 야외에 예쁜 정원과 아이들이 타고 놀 거리가 있는, 최고의 카페였다. 배가 양껏 차지 않았는지 우리는 또 식사를 했다. 종진 오빠 부부도 잘 먹었다. 워낙 잘 먹는 두 사람은 안 보는 사이 몸도 얼굴도 반쪽이 되었다.

태린이와 태윤이, 그리고 예린이는 참 잘 놀았다. 친동생한테 까칠한 태린이도 예린이한테는 자상한 언니였다. 예린이와 태윤이도 4개월 차이 친구이고 걷는 모양새도 비슷해서 그런지 잘 교감했다. 예린이는 아빠 엄마를 닮아서 그런지 성격도 좋았다. 태윤이에게 먼저 다가가 과자를 입에 넣어주기도 하고, 태윤이 얼굴을 만지작거리며 미소 짓기도 했다. 내가 잡는 시늉을 하면 꺄르륵 웃으며 도망쳤다.

종진 오빠는 태린이에게 방아깨비를 잡아 쥐어주었다. 책으로만 봤던 방아깨비다. 태린이는 접혀진 긴 다리를 조심스럽게 만지며 관찰했다. 어린이집 땡땡이도 쳤겠다, 아빠 엄마가 계속 따라붙어 놀아주겠다, 앞에 있는 삼촌네도 마음에 쏙 들겠다, 태린이에게도 그저 기분 좋은 날이었다.

아이들은 한참을 놀다 같은 시간에 잠들었다. 덕분에 어른 넷이서 저수지 산책로를 걸으며 못 다한 대화를 나눴다. 네 사람 모두 걸음이 느렸다. 나는 조심스럽게 주변 암환자들이 잘 이겨내서 멀쩡하게 잘 살고 있다고 말을 꺼냈다.

"우리 둘째 이모는 이모부와 매주 추억여행을 다니고 매번 영상을 남기며 살고 계세요. 그리고 맥주나 소주를 텀블러에 넣어 목에 걸고 식당에서든 여행지에서든 갑자기 물처럼 조금씩 마셔요. 진짜 그래요. (깔깔깔) 미혼 시절부터 맥주 킬러였거든요. 이모 말로는 좋은 음식도 많이 먹고 있어서 그 정도 마시는 건 아무 문제 없을 거래요. 수술한 지 10년이 지난 지금까지도 아무 문제 없었어요. 걱정 내려놓고 웃으면서 살면 그렇게 되더라고요."

오지랖을 떨었다. 고맙게도 두 사람은 내 말을 진지하게 들어주었다. 누가 무슨 암이었는지, 언제 수술했는지, 그래도 괜찮은지를 더 자세히 물었다. 언니는 항암치료를 한 번 받은 상태인데 생각보다 컨디션이 좋다고 했다. 씩씩했다. 어떤 엄마든 같은 상황에 놓였어도 마찬가지였을 것이다.

하지만 예린이 모습을 계속 눈에 넣고 사진을 찍는 모습에, 밥 한 숟가락이라도 더 먹이려고 하는 모습에 그녀 마음이 읽혔다.

'기력이 떨어져 누워만 있을 순간이 올지 몰라.'
'언제 마지막이 될지 몰라.'
'지금 한 번이라도 더 사랑을 주자.'

아이와 누리는 모든 일상이 마지막일까 봐 걱정하는 마음에 아이를 바라보는 언니의 눈이 슬퍼 보였다. 친정 아빠가 한창 항암치료를 받을 때 태린이를 바라보시던 눈빛과 같았다. 그럼에도 해맑은 아이를 바라보며 슬픈 마음을 눌러 담고 강해지려고 애쓰고 있었다. 눈물 따위 아까워 흘릴 시간도 없는, 마음이 단단한 엄마가 돼 있었다.

종진 오빠 말로는 언니가 밤에 가끔 혼자 벽을 보고 운다고 했다. 지금 순간이 어쩌면 정말 간절할 두 사람 앞에서 나도 남편도 숙연해졌다. 내 새끼들을 더 쳐다보게 됐다. 휴대폰 사진을 더 많이 찍던 남편도 그날만큼은 아이들 옆에 붙어 무거운 카메라를 계속 들고 다녔다. 예린이네 가족은 더 정성스럽게 담고 있었다.

태윤이가 생후 65일 요로감염으로 대학병원에서 입원했을 때가 생각났다. 2인실 병동을 쓰고 있었는데 폐렴을 본격적으로 시작한 17일짜리 신생아가 옆 침대로 왔다. 들어올 때만 해도 코감기구나 했는데 밤새 거세진 기침소리에 잠을 설쳤다. 태윤이가 옮을까 봐 냉정하게 다른 병실로 옮겼다. 바꾼 병실은 5인실이라 유모차가 들어갈 공간도 없을 정도로 매우 좁았다. 젖병을 씻어 말리고 밥을 챙겨 먹기도 불편했지만, 다른 질병에 노출될 위험이 없으니 마음은 훨씬 편했다.

하루가 지나고 깨달았다. 그 병실에는 호흡기에 문제되는 아이들은 없었지만 원인 모를 신장병을 앓고 있는 꼬마가 둘이나 있었다. 한 아이는 네 살, 다른 아이는 다섯 살쯤 되어 보였다. 창가 쪽에 자리를 잡은 지 한참 돼 보였다. 아이들 부모는 다른 부모들과 말을 섞는 일이 좀처럼 없었다. 자기 아이한테만 정신을 쏟아 부었다. 두 아이가 수시로 아팠다. 진짜 아파서 우는 것이었다.

"엄마~ 엄~~마, 아파. 아파. 아파. 아파."

두 엄마는 아이와 하루 종일 사투를 벌였다. 주사를 맞는 일도 약을 먹이는 일도 아이는 그저 아프고 슬펐다.

"○○야, 엄마가 뭐라고 했지? 이건 해야 하는 거야. 울지 마! 자! 엄마 어서 봐봐! 씩씩해야 한댔지?"

맞은편 창가에 있는 아이 엄마도 단호하긴 마찬가지였다. 그러면서도 아빠와 엄마는 하루 종일 아이에게 동화책을 읽어 주고 노래를 불러 주었다. 하루는 노래 선생님 두 분이 병실로 와서 그 아이들 바로 앞에서 노래를 불러 주었다. 아이를 위해 부모님이 특별한 시간을 요청한 듯했다. 커튼을 단단하게 쳐둔 상태여서 아이의 표정을 살필 수는 없었지만 상황이 눈에 그려졌다.

"안녕, 안녕~ ○○야~"(이렇게 노래로 인사를 시작했다.)

남녀 듀오의 노래가 참 얼마나 해맑던지. 동요가 이렇게 슬플 수도 있구나 싶었다. 병실 안은 숨소리 하나도 들리지 않았다. 태윤이 담당 교수님이 반대편 아이 부모에게 절망적인 말을 남기고 간 날이었다.

"조직검사 결과가 나와 봐야 알겠지만 원인을 확실히 알 수 없어서 길고 긴 시간이 될 거예요. 엄마가 마음 단단히 먹어야 해요."

그렇게 씩씩했던 부모가 계단에서 서럽게 우는 모습을 그날 남편이 목격했다. 아이에게 강한 부모는 없다. 강한 척할 뿐.

종진 오빠는 공기도 좋으니 하루 더 묵고 가자고 했다. 우리도 저녁 식사까지 함께 하기로 했다. 다음 날 일정 때문에 자고 갈 수는 없었지만 조금이라도 함께 하고 싶었다. 우리는 근처 마트에서 장을 크게 보고 차를 타고 가다가 길가에 보이는 펜션을 바로 예약하고 들어갔다. 그날도 종진 오빠가 척척 저녁상을 차렸다. 고기로 포식하고 얘기를 한참 나누다 늦은 밤 집으로 돌아왔다. 밀리지도 않는 도로를 달리며 남편과 평소보다 낮고 느린 톤으로 대화를 나눴다. 차에 타자마자 잠든 아이들 덕에 여운도 더 깊어진 밤이었다.

언제부턴가 작은 일에도 다툰 우리였다. 아무리 미운 남편이여도 사고로 한순간에 곁에 없다면 아이 둘 데리고 나 혼자 온전히 살 수 있을까. 남편이 없으면 지금 겨우 해내는 일의 십 분의 일도 못한다는 것을 잘 알고 있다. 반려자가 없는 것과 친정 엄마가 없는 것과는 다른 얘기였다. 부모 역할을 나혼자 할 자신이 없었다. 친정 엄마가 없으면 정신이 사라지겠지만, 남편이 없으면 내 삶을 잃는다. 남편 또한 내가 없으면 마찬가지겠지. 신혼 때는 틈만 나면 뽀뽀했던 우리, 늙어서도 서로에게 뽀뽀해주자고 다짐했다.

다음 날, 종진 오빠가 남편에게 사진을 보내왔다. 스님 사진이었다. 아내와 함께 머리를 민 거다. 눈물이 핑 돌았다. 생각도 깊은 친구가 남편 친구라서 감사했다. 우리 집에서 아이와 뒹굴뒹굴 굴러다니며 마음껏 책을 읽어주고 차린 밥을 안 먹어도 소리치며 잔소리를 하는 지금이 얼마나 소중한가. 일상이 지루하다고만 생각하며 특별한 하루만 꿈꿔온 내게 종진 오빠네 일과 어린이병동 경험은 큰 깨달음을 주었다. 두 가족이 만나 실컷 수다 떨고 고기 구워 먹으며 술 한 잔을 기울일 날이 오래오래 지속되길.

'하느님, 제가 아끼는 사람들 모두 평범한 일상을 누릴 수 있도록 아프지 않게 도와주세요. 제 약속 꼭 들어주세요.'

모녀 데이트

기어 다니던 태윤이가 두 발을 딛고 일어서는 순간부터 본격적으로 남매 간 전쟁이 시작됐다. 어린 동생은 누나를 괴롭혔다. 꼭 누나가 가지고 있는 것만 뺏으려고 난리를 쳤다. 누나 속도 모르고 저 혼자 신났다. 누나가 자리를 옮기면 졸졸 쫓아가 또 상을 뒤엎었다. 다른 장난감은 필요 없었다. 누나 손에 쥐고 있는 것만 눈길이 가는 아들이었다. 자기 영역을 중요하게 생각하는 태린이가 크게 스트레스를 받았다.

태린이가 최고로 예민할 때, 외할머니 생신 기념으로 외가 식구들과 논산에 있는 휴양림에 모였다. 태린이를 마음껏 사랑해주시는 친정 부모님과 자연 속에서 뛰어놀다 보면 꽁한 마음이 풀릴 줄 알았다. 친정 부모님을 믿고 남편 없이 혼자서 두 아이를 데리고 갔는데 맏이인 두 분은 초대한 이모할머니 가족과 나머지 가족들을 총괄하며 챙기느라 정신이 없으셨다.

이종사촌 오빠도 아이 둘을 데리고 왔다. 태린이는 하율이 언니를 잘 따르고 좋아하면서도 자기보다 한 살 어린 사촌동생 하준이에게 남동생이라는 이유로 예민하게 굴었다. 안 그래도 짜증이 많아진 아이가 끊임없이 짜증을 부렸다. 우리 이모들은 태린이 짜증에 시달리는 내가 안쓰러워 태린이한테 사정사정을 했다.

"태린아, 엄마 그만 힘들게 하자. 내 조카 너무 힘들어. 저렇게 말라가는데… 미안한 말이지만 (이모) 할머니는 너보다 너희 엄마가 더 소중해."

그런 분위기 속에서 외할아버지께서 크게 소리치셨다.

"태린이한테 그러면 안 된다. 애가 마음껏 표현을 하지 못해서 아픈 거야. 더 잘 챙겨야 해! 혼자 두지 말아라. 항상! 무조건! 옆에 있어줘라."

아직도 안부 전화를 드릴 때마다 태린이 마음 상태를 물어보신다. 육남매를 무심하게 키우셨지만 증손녀 마음은 누구보다 앞서 챙겨주시는 할아버지. 태린이 눈치 보느라 오히려 태윤이한테 사랑을 못 주고 있었다고 생각했는데 내 착각이었나 보다. 그날 밤, 태린이는 이모할머니를 댁에 모셔다 드리고 돌아온 친정 부모님을 보자마자 달려가 안겼다. 그리고는 친정 엄마가 밤늦게 차려준 밥과 고기를 다 받아먹었다. 다음 날 아침에는 친정 아빠 손을 꼭 잡고 단둘이 산책을 다녀왔다. 두 분은 언제나 그랬듯 태린이 눈높이에 맞춰 쭈그리고 앉아서 태린이와 눈을 마주쳤다. 엄마한테는 쉽사리 마음을 풀지 않았지만 말이다.

그 후로 태린이와 따로 시간을 갖기 위해 노력했다. 그런데 이게 뭐야! '단둘이 데이트를 하면 엄청 좋아하겠지?' 했던 예상은 완전히 비껴갔다. 아이 아빠도 모처럼 강의가 없던 주말이라 태린이와 둘이서 오랜만에 미술관 나들이를 갔는데 비싸게 굴었다. 왜 그렇지? 에르베 튈레의 〈색색깔깔 전〉은 원색 위주의 작품이 아이들 눈을 호강시켜주는, 아이들이라면 안 좋아할 수 없는 전시였다. 더구나 태린이처럼 그림을 좋아하는 아이가 왜! 뛰어다니고도 남을 곳인데…. 엄마한테 서운한 마음이 아직도 많이 남아 있었다.

유모차를 타고 전시장에 갔는데 도통 내리지 않았다. 자기가 타던 유모차를 동생에게 양보했던 일이 억울했나보다. 마음에 드는 작품이 있으면 손가락만 까딱하며 가리켰다. 그곳에서는 멈추라는 의미다.

작품을 보며 혼자서 히끗히끗 웃다가도 다시 까칠하게 굴었다. 천장에 길게 달린 작품들을 직접 만지려고 하자, 직원이 다가와 만지면 안 된다고 못을 박았다. 태린이는 마음이 다시 상했다. 그리고 유모차로 돌아와 다시 나가자고 했다. 앞으로 아이와 놀거리 아이디어를 다양하게 생각해볼 나름 중요한 공간이었는데 그 부분을 생략하자니 한숨이 나왔다. 입장료를 생각하니 더 큰 한숨이. '아우~'. 태린이도 밖에만 나가도 그저 좋아했는데, 마음도 함께 자라면서 예전과는 다르게 감정선이 깊어진 모양새다.

태린이는 동생에게 받은 스트레스로 엄마한테 단단히 삐쳤는지 짜증 소리가 쉽사리 가라앉지 않았다. 등원한 태린이를 데리고 둘만의 외출을 계획했다. 예술의전당에서 새로운 전시를 볼 생각이었다. 가는 길이 평소보다 막혔다. 어린이집에서 혼자 탈출해 기분이 좋았던 태린이는 "집에 가요"를 연발했다. 친구들을 남겨놓고 엄마와 손잡고 나온 것 자체가 기뻐서 30분 내내 노래를 부르던 아이가 아니었나. 저기 보이는 산만 넘어가면 미술관이라며 겨우 달래서 미술관에 도착했다.

무엇을 보겠느냐고 예의상 물었다. "샤갈! 샤갈!" 〈니키 드 생팔 전〉을 보러 갔던 엄마는 마음을 내려놓았다. 샤갈 팸플릿을 들고 돌아설 때, 〈색색깔깔 전〉 장소를 기억하던 태린이가 아트센터 쪽으로 가자고 했다. 발길 돌릴 틈을 타려고 기념품 숍에서 작품 엽서랑 스티커를 사주고 나왔는데, 봤던 전시를 또 보겠다고 강한 의지를 보였다. 그래,

오늘은 네 맘대로 하자. 또 보여주려고 했던 전시기도 하고 지난 번에는 유모차에서 잘 안 나왔던 터라 다시 보기로 했다. 이번에는 유모차를 안 가지고 갔다.

원하는 대로 해줬거늘 얼마 보지도 않고는 갑자기 안아 달라, 아이스크림 먹고 싶다는 등 요구 사항이 많았다. 작정하고 엄마를 괴롭힐 조짐이었다. 조금 기다려 달라고 양해를 구해도 아이는 토라져 눈물을 보였다. 원칙상 재입장이 안 되는데 직원에게 아이가 배고파 한다며 사정사정해서 아이스크림 가게에 갔다. 평소 좋아하던 아이스크림 맛과 달랐는지 절반도 안 먹고는, 이제는 태윤이한테 가자고 졸랐다. 6500원짜리 아이스크림을 결국 남긴 채 돌아섰다.

유모차에 타고 싶다고 해서 주차장에서 얼른 꺼내 앉히고 전시장으로 돌아갔다. 아이스크림 가게 옆 편의점에서 사둔 초콜릿을 먹겠다고 손에 쥐고 있다가 전시 끝나고 먹자는 말에 아이는 또 시무룩해졌다. 초콜릿을 손에 쥔 채 누워서 감상하던 아이는 스르르 잠이 들었다. 깰 때까지 전시를 다시 보며 기다렸는데 눈을 뜨자마자 집에 가자고 한다. 나도 전시를 꼼꼼하게 봤기에 이번엔 아이 뜻대로 나왔다. 편의점에 들러 사과주스를 사주고 기분을 만족시켰다. 점심 시간이라 "고기 먹자."는 말에 고깃집 가서 고기를 먹이는데 아이 눈이 반짝반짝 빛이 났다. 밥도 한 공기 다 먹었다. 고기 킬러인 태린이가 입에 대지 않는 숯불고기를 흡입하는 모습을 보며 엄마는 다시 반성했다.

'엄마와의 데이트가 아니라 엄마를 기다렸구나.'

동생만 챙기는 엄마를 기다리고 기다리다 지친 마음에 어떻게든 밖으로 나가자고 졸랐을 것이다. 엄마랑 마주앉아 대화 나눌 시간을 얼마나 간절하게 기다렸을까. 아이는 바깥놀이가 아니라 엄마와의 진지한 눈맞춤을 기다리고 바랐다.

한 놈을 바라보면, 다른 놈이 슬픈 눈으로 바라보고, 다른 놈을 다시 보면 또 한 놈이 속이 상한다. 이도저도 안 될 때는 하나만 확실하게 욕구를 채워주는 전략을 세웠다. 우리는 또 부자만 집에 남겨두고 파주로 떠났다. 그날따라 해도 없고 스산한 날이었지만, 책도 잔디도 있어서 우리가 만족할 장소였다. 얼마 전에 〈밖으로 나온 도서관〉 축제 때 파주출판단지 잔디광장에서 잘 놀던 모습을 보고 우리 아이들이랑 코드가 맞겠구나 싶었다. 시작이 좋았던 장소는 또 방문해도 성공했다.

파주 오는 길에 아이는 아니나 다를까 잠이 들었다. 아이가 잘 동안 북카페에 앉아 있으려고 어린이 전용 북카페 '밀크북'으로 갔다. 오전에 일찍 출발해서 주차도 수월했다. 더 재울 생각에 유모차를 꺼내 앉혔는데 깨버렸다. 멍한 채로 앉아 있는 동안 아이는 살짝 까칠 모드였다. 모처럼 둘만의 데이트를 시작부터 망치고 싶지 않았다. 아이스크림부터 주문해주었다. 아이가 조용히 아이스크림을 먹는 동안 책 코너를 둘러봤다.

그 사이 아이는 안 하던 소변 실수를 했다. 자리를 비우고 책을 고르느라 엄마가 자리를 비운 사이에 아이는 엄마가 어딨는지 몰라 무

동생만 챙기던 엄마와의 진지한 눈맞춤이 간절했던
아이 마음을 뒤늦게야 헤아렸다.

섭고 당황해서 혼자 앉은 채 실수를 했던 것이다. 화장실로 데려가 몸을 씻기고 옷을 갈아 입혔다. 바닥에 내려놓고 옷을 입히며 아이에게 말했다.

"엄마가 생각 못했어. 쉬하고 싶었을 텐데. 책 보러 오래 다녀와서 미안해~."

"(엄마 머리를 쓰다듬으면서) 괜찮아~ 엄마~."

그리고는 기분이 좋아졌는지 화장실에서 씩씩 웃어댔다. 우리는 함께 책을 골랐다. 자연과학 책이 바로 보이지 않아서 종이접기 북을 골랐다. 볼 책도 아니고 살 책도 아니고 놀잇감이라니. 평소 같으면 어림도 없을 일이지만 비장한 각오로 모녀 데이트를 나온 날인만큼 웬만해선 아이 비위를 맞춰주었다. "그래, 이거 사자." 그 다음엔 다시 책이 쌓인 곳으로 돌아가 책을 고르게 했다. 유모차에 앉은 채 이 책 저 책 몇 권을 집어 들었다. 엄마 마음 같아서는 동화책을 많이 읽으면 좋겠는데, 자연과학 책을 또 들고 보기 시작했다. 영어 글자를 읽기 시작한 터라 간단한 표현들은 손가락을 가리키며 읽기도 했다. 글자 'see(보다)'를 읽을 때 엄마가 눈을 크게 뜨며 반응하니 신이 났다.

아이가 예민했던 터라 책을 여유 있게 보지 못해서 그런지 모르겠지만, 북카페에는 마음에 드는 책이 많이 없었다. 아이 기분도 어느 정도 풀렸다 싶어 '지혜의 숲' 도서관으로 자리를 옮겼다. 공휴일이라 사람들이 많았다. 대부분 가족 단위의 방문객들이었다. 비치된 책상 좌석은 물론 2층으로 오르는 계단까지도 사람들로 가득 했다. 아이들에게 책을 읽어주는 아빠들이 많았고, 아이가 좀 큰 경우에는 각자 자기가 고른 책을 보고 있었다.

태린이는 어린이 서점으로 향했다. 인기 많은 그림책이 모여 진열돼 있으니 오히려 아이와 함께 책을 찾고 읽기에는 서점이 더 수월했다. 태린이가 알고 있는 그림책도 많았다. 어린이 키를 고려한 낮은 진열대 덕분에 아이도 쉽게 책을 골랐다. 실사 책이나 묘사 책을 많이 읽던 아이가 이곳에서는 이야기 책을 많이 읽었다. 도서관에서 잠깐씩 빌려본 책들도 아이는 모두 기억하고 있었다. 그러다 새로운 곤충 세밀화 신간 책을 보고 흥분했다.

아이가 책을 충분히 읽었을 때 차로 돌아갔다. 집에서 싸온 주먹밥과 소고기를 먹이는 동안 토스트 가게에서 커피와 토스트를 사왔다. 우리가 좋아하는 잔디밭으로 돌아가 점심을 마저 먹었다. 성격 급한 남자도 없고 징징이 태윤이도 없으니 우리 속도대로 그 시간을 즐길 수 있었다.

태린이는 다 먹고 씽씽이를 타겠다고 했다. 출판도시를 크게 돌며 씽씽 달렸다. 아파트 단지 안에서도 내지 못했던 속도를 자신 있게 냈다. 자신도 그 속도에 짜릿함을 느꼈는지 소프라노 톤으로 "우아~~~" 소리를 질렀다. 사람도 거의 없고 인도도 넓어서 아이를 제지하지 않았다. 넘어지지 않게 앞을 보라고만 일렀다. 실컷 타고 해가

질 무렵 집으로 돌아왔다.

집으로 오는 길에 아이는 또 잠이 들었다. 밀리는 자유로에서 KBS 쿨FM '사랑하기 좋은 날 이금희입니다'를 틀었다. 이금희 아나운서 목소리가 하루를 더 아름답게 장식해줬다. 흘러나오는 가요마다 귀에 익숙해서 막히는 길이 지겹지 않았다. 아이가 잠이 들고 나면 오롯이 나의 시간이라 집에 가는 길이 오래 걸려도 힘들지 않았다. 더구나 꽁꽁 얼어 있던 태린이 마음이 눈 녹듯이 사르르 풀렸으니까.

우리 아빠가 달라졌어요

남편과 내가 어찌하여 한 집에 살게 됐을까. 하루도 빠짐없이 의문이 들 정도로 우리 두 사람은 달라도 너무 다르다. 눈에 뭐가 씌웠던 게 틀림없다. 그중 하나가 여행관이다. 친정 식구들은 휴일에는 무조건 캠핑하고 놀았던 반면, 시댁 식구들은 집에서만 주로 시간을 보내는 편이었다. 네 가족이 여행을 가본 적이 한 번도 없을 정도다. 남편은 주말에도 좀처럼 나가지 않았다.

내 입장에서는 아이들을 데리고 나가야 할 의무를 저버리는 아빠였다. 어린이집에서도 매일같이 산책하는 아이들이라 하루 종일 집에 있으면 엄청 스트레스를 받는다. 바깥에서 에너지를 충분히 발산해야 생기 도는 아이들을 묶어 두기만 하니 나도 화가 났다. 남편은 핑계거리도 많았다. 재채기하다 나온 하얀 콧물만 봐도 호들갑을 떤다. "태윤이 콧물 나온다. 위험하다." 주말마다 강의하러 가는 남편이 모처럼 강의가 없는 날에는 "어제 추운데 너무 고생했나 봐. 몸이 너무 안 좋아." 강의를 일찍 마친 날에는 "오늘 한 번도 쉬지 않고 강의했더니 무리했나?" 몸이 좀 괜찮아 보이는 날에는 "이번 달 이래저래 현금이 많이 빠졌어. 더는 쓰면 안 되겠어." 주말에 시댁이라도 가자고 하면 "굳이 왜 가~ 피곤하게."

답답해 죽을 지경이었다. 문제는 나 혼자 아이들을 데리고 나가는 것도 좋아하지 않는다는 사실이었다. 방학 때도 태린이와 둘이서만, 태윤이가 태어난 뒤로는 셋이서만 다닌 적이 많았다. 답답하다고 쉴 틈 없이 아이들을 데리고 집을 나가는 아내는 남편 입장에서는 제정신이 아닌 엄마였다.

남편은 감기 걱정, 세균 걱정, 먼지 걱정, 바이러스 걱정에 어린이집 사진을 볼 때마다 기절 초풍했다. 발도르프 어린이집에 다니면 흙놀이는 기본인데 흙을 파고 담고 만지는 모습을 받아들이지 못했다. 1년 정도 지나서야 무뎌졌다. 아마 포기했다고 말하는 편이 더 정확할지 모르겠다.

어느 여름 날, 그렇게 우리 셋은 아빠의 집돌이 마인드에 지치다 못해 폭발했다. 특히 나. 출간될 책에 담을 여행지를 정해두기만 하고 어디 하나 가지도 못했다. 어디에도 말도 꺼내지 못할 복잡한 문제들 때문에 나는 웃음을 잃어갔고, 한 달 넘게 남편과 필요한 말만 하고 살았다.

아이들도 미묘한 분위기를 전달받은 건지 하원하고 신경 써서 놀아주어도 처져 있었다. 잠시라도 엄마가 일하는 모습을 보면 아이들은 곧바로 슬픈 표정을 지었다. 부담만 백두산만큼 쌓여갔다. 친정집이라도 당장 내려가고 싶었지만 부모님은 시골에 집을 짓기 시작할 때라 한 달 넘게 시골 친척집에서 머물며 공사 현장에 계셨다.

어느 덧 가을이 왔다. 아이들과 뛰어놀 수 있는 좋은 계절이 다 지나가고 있었다. 돌을 앞둔 아들 사진도 많지 않았다. 하원 후 숲속에서 놀면서 간간히 몇 장 남겨두었지만 포토그래퍼 남편을 두고 뭐하나 싶기만 했다. 태윤이가 걷기 시작해서 걷는 재미를 알기 시작한 때였다. 아장아장 걸을 때가 제일 예쁜데 이 모습을 나만 바라보고 있었다.

남편도 몰라주는 내 상태를 지인들은 기똥차게 감지하고 걱정된다며 연락을 해왔다. 아이들도 하루 종일 집에 있는 날이 많아지니 점점 짜증을 내기 시작했다. 장난감 하나로 두 아이가 싸우는 일도 허다했다. 잘 자던 아이들이 잠꼬대를 하며 울어댔다. 그러면 나는 일하다 말고 새벽에 침대로 돌아가 아이들 옆에 눕다 같이 잠들었다.

추석 연휴 때도 친정에 가지 못했다. 하필 태윤이 돌이 추석연휴 시작하는 바로 전날이었고, 그날은 또 친할아버지 기일이었다. 이런저런 사정으로 돌잔치를 안 하고 양가에도 못 가는 상황이라 남편한테도 뭐라도 해야 한다는 의무감이 생긴 듯했다. 아니면 우리 셋의 신호를 이제서야 감지한 것일까.

"이제 달라진 나를 봐봐."

"응? 갑자기 왜? 어머 자기 약 먹었어? 사람이 갑자기 변하면 죽는 법인데?"

남편은 보란 듯 스케줄을 줄줄이 잡았다. 동네 연못에 가서 태린이한테 잠자리와 소금쟁이를 보여주겠다고 잠깐이라도 나섰다. 추석 연휴 기간에는 강화도에서라도 하룻밤 자고 오자고 했다. 세상에 이런 일이 있나. 좀팽이 남편이 숙박까지 마음먹다니. 가을이 깊어지기 전 우리 네 식구는 많은 곳을 한 달 사이에 다녀왔다. 간만에 찾아온 기회를 놓칠 수 없었다. 태린이가 좋아할 만한 곳으로만 골랐다. 누구보다 첫째 마음을 챙겨야 했다.

그가 계획한 대로 따라보기로 했다. 이런 적이 없었으므로. 그렇게 2주 상간으로 옹골찬 가을 여행을 떠났다. 빠듯한 살림에 어디 멀리 오래 갈 수는 없었지만 최대한 우리 넷이 살 붙이며 부비대는 시간을 보냈다. 확실히 나도 남편도, 아이들도 아빠와 더 돈독해졌다.

창경궁 나들이

두꺼비 같은 우리 아들 첫 생일. 명색이 포토그래퍼인데 휴대폰 사진을 더 많이 찍었던 아빠. 연예인 광고 촬영을 했으면 뭐하나. 20대를 인물사진으로 보냈으면 뭐하나. 우리 가족에겐 특별하지 않은 포토그래퍼 아빠다. 그런 아빠가 오랜만에 촬영을 계획했다. 아침 일찍 아이들 먹을 간식과 고기를 부랴부랴 준비해서 창경궁에 도착했다. 창경궁에 돗자리를 가지고 들어갈 수 없어 벤치에 아이들을 세워놓고 한복을 입혔다.

태린이와 태윤이는 한복이 거추장스러운지 거부하다가도 도토리와 돌맹이에 정신 팔려 본의 아니게 사진 촬영에 협조를 해줬다. 가만히만 있어줘도 아빠 엄마는 그저 고마웠다. 한복을 입히니 뚱뚱하다며 벗고 싶다는 태린이를 겨우 어르고 달래 남매 컷도 찍었다.

“잠깐, 우루루루루 여기 보세요. 아빠 보세요.”

“태린아, 아니아니. 여기여기.

“앉아 앉아.”

“태윤~~~~~~ 여기! 여기!”

내 목이 갈라질지라도 아이들이 도망가지 않으면 다행이었다. 스태프가 한 명 더 있으면 모를까. 엄마가 선보이는 쇼 중 하나가 제대로

먹혔다.

“꿀꿀꿀꿀! 꿀꿀꿀꿀! 엄마돼지 바깥으로 안! 된다고~.”

남매를 친하게 해주려고 나란히 눕혀놓고 간지럼을 태우며 불러주는 노래다. 둘 다 깔깔깔깔. 남편은 찰칵찰칵. 아이들과 수시로 깔깔 웃음 터지는 아이템을 평소에 많이 만들어둬야겠다고 다짐했다.

남편이 지인들 한복 촬영하러 자주 오는 곳이어서 찍을 장소로 바로 바로 이동했지만 아이들은 뛰어놀고 싶은 마음만 가득했다. 사진 찍기를 그다지 좋아하지 않는 딸과 말이 통하지 않는 아들. 완전히 난감한 상황이었다. 남편에게 아이들과 놀러왔다고 생각하며 찍자고 말했다. 남편은 촬영 결과물이 마음에 차지 않았다. 아이들 촬영은 어른 뜻대로 흘러가지 않는 법. 돈 받고 찍어주는 것도 아니니 더 잘 찍으려는 마음도 내려놓고, 아이들 흐름에 맞춰 놀기로 했다.

아들은 잘 썼던 호건도 쓰기 싫다며 미운 얼굴을 했다. 남자 돌사진에는 호건이 필수인데. 그래, 벗어라. 태린이도 한복을 벗겠단다. 우리 부부는 진짜 욕심을 버리고 아이들과 놀기로 했다. 미련 없이 한복을 정리해서 가방에 싹 넣었다. 그래, 언제라도 찍을 수 있으니까. 태린이가 가자는 곳으로 갔다. 고즈넉한 창경궁 길을 걸으며 태린이는 습관처럼 솔방울도 도토리도 주웠다.

"엄마 가방에 넣어줘."

이날 하이라이트는 정조가 활을 쏘고 쉬었다는 관덕정. 남편이 또 역사 이야기를 꺼낸다. 《조선왕조실록》만 서른 번 넘게 읽었다는 남편. 태린이는 스스로 숲놀이를 시작했다. 이곳에 오니 도토리가 걸음마다 밟힐 정도였다. 태린이가 사방에 깔린 도토리에 신나서 노래를 불렀다. 도토리를 가지고 노는 매력에 한창 빠졌을 때였다.

아들은 촬영을 마치자마자 잠든 터라 태린이와 집중해서 놀았다. 남편도 더 편하게 태린이를 카메라에 담아주었다. 조선 왕들이 성균관에 가는 길이었다는 곳에 햇살이 적당하게 들어왔다. 한 줄기 빛이 우리 모녀에게 내려올 때 남편이 모처럼 만족스럽다는 목소리를 냈다.

"오오~ 좋다~ 좋아 좋아."

아들이 깼다. 아들 녀석도 당연하다는 듯 흙을 만졌다. 일찍 걷기 시작하기도 했고 어린이집 산책을 매일 나간 영향인지 형님들 따라 흙을 쥐고 나뭇가지로 땅을 긋는 걸 배웠다. 아이 둘이 열심히 숲속에서 시간을 보낼 때 고양이 두 마리를 발견했다. 고양이들은 관덕정 마루 한 가운데 앉아서 정자 가장자리에 걸터앉은 어르신이 주는 밥을 먹고 있었다. 둘 다 고양이만 쫓아다녔다. 그렇게 아이들이 마음대로 놀 때 예쁜 사진을 더 많이 남겼다. 자연스럽게 웃는 아이들의 미소가

ⓒ김경엽

사진에 담겼다. 비록 한복 사진은 아니었지만.

아들을 본 어르신 한 분이 무슨 띠냐, 몇 월에 태어났느냐 물어보시더니 얼굴을 물끄러니 바라보신다. “이 녀석은 큰 공무원이나 연예인 시켜야 한다.” 남편 눈빛이 반짝인다. “내 꿈이 신기하다니깐. 분명히 크게 될 놈이야.”

아빠가 태몽으로 꾼 장원급제 꿈이 이뤄질지 모르겠지만, 엄마는 조심스럽게 연예인을 점쳤다. 아들아, 무슨 길이든 너를 응원할 것이다.

‘아들, 생일 축하해!’

시흥갯골생태공원

인스타그램에 새롭게 떠오른 장소가 있었다. 시흥이면 우리 집에서 20분 정도면 충분히 갈 정도로 가까운 곳인데 여태껏 몰랐다. 억새와 쌍벽을 이루는, 뜨거운 감자 핑크뮬리를 배경으로 찍은 사진을 보니 가보고 싶었다. 언덕배기도 없어 걷기 시작한 아들이 놀기도 좋았다. 오전 일찍 나섰는데 주차장이 거의 찼다. 사람들이 많아도 규모가 워낙 넓어서 한적하게 느껴졌다.

곳곳에 깨끗하게 깔린 잔디와 예쁘게 꾸며진 산책길부터 우리 마음에 합격! 이렇게 좋은 곳이 무료라니. 공원 잔디는 아주 깨끗했다. 한강공원 잔디는 워낙 많은 사람들이 먹고 놀아 그런지 세균 걱정 때문에 마음 놓고 풀어놓기 찜찜할 때가 많다.

처음 온 날이니 이곳 분위기만 보러 왔는데 둘러보니 볼거리도 즐길 거리도 많아서 제대로 준비를 못 해온 것이 아쉬울 따름이었다. 나에게 '제대로'의 의미는 텐트와 돗자리, 그리고 간식과 도시락이다. 매번 작은 아이스박스도 가지고 다닐 정도인데 이날은 하필이면 또 두고 왔다.

사진을 찍어주고 싶은 아빠 마음도 모르고 유모차를 굳이 타겠다고 고집 부리던 태린이는 뜻밖의 선물을 만났다. 메뚜기다.

"태린아, 메뚜기야. 어? 여기도 있다."

태린이는 드디어 유모차에서 내렸다. 메뚜기가 엄청 많다. 태린이 표정이 달라졌다. 그녀를 움직인 건 메뚜기였다. 태린이가 한 발자국 앞으로 갈 때마다 메뚜기 수십 마리가 함께 날았다. 수를 놓은 듯한 칠면초 군락지는 아이를 빛나게 했다. 태린이가 메뚜기를 좋아하게 된 계기는 지난 여름 킨텍스에서 열린 '2018 신비한 세계곤충박람회'에 다녀온 뒤부터다. 체험장에서 벼메뚜기를 잡던 추억이 좋았는지 그림만 봐도 늘 그때 이야기를 한다.

"엄마가 (두 손 모아 잡는 모습을 흉내 내며) 이렇게 메뚜기 잡아줬잖아."
"엄마가 세 마리 잡았어."

잠자리를 제외하고, 내 생애 곤충을 처음 잡은 날이었다. 체험장에 입장할 때마다 채집통을 주고 주어진 시간에 최대 세 마리까지 잡게 한 다음, 나갈 때 다시 반납하는 시스템이었다. 곤충을 좋아하는 딸을 위해 두 손바닥 사이에서 파닥이는 메뚜기의 촉감을 견뎌냈다. 옆에 있는 아빠들은 계속 놓치는 와중에 우리 엄마는 한 마리, 두 마리 잡아서 과감하게 잠자리 통으로 넣으니, 딸은 엄마를 자랑스럽게 여겼다. 태린이는 그 이후로 곤충 책을 더 많이 봤다.

태린이는 좋은 추억을 마음에 품은 채 분홍빛을 내는 칠면초 밭 사이에 들어가 걸었다. 그리고 메뚜기 떼와 놀았다. 허허 벌판 갯벌에서 삶을 이겨내고 아름다운 광경을 뽐내다니. 칠면조는 일곱 번이나 색이 변한다는데 이렇게 고운 빛깔일 때 보니 별 게 다 고마웠다.

갯벌을 바로 옆에 낀 넓은 잔디밭에서 태윤이는 어떤 형아가 아빠랑 놀고 있던 축구공을 잡았다. 아기가 공을 잡아도 심통부리지 않고 기다렸다. 태윤이에게 발로 차서 공을 건네주는 법을 알려줬다. "태윤아 빵~~~~." 사실상 나에게 공을 받은 그 사내아이는 아빠에게 미소를 지었다.

"아기한테 공 넘겨줘 봐. 살살 잘 넘겨줘."

아빠의 주문에 성격도 좋은 형아는 공을 여러 차례 태윤이에게 넘겨줬다. 뒤이어 그 아이 할아버지도 오시더니 태윤이한테 또 공을 넘

볼거리도 즐길 거리도 많아서 아이들이 좋아했던
시흥갯골생태공원

겨주신다. 전혀 몰랐던 사람들과 잠깐이라도 마음을 나눌 수 있어서 감사했다.

부평숲인천나비공원

세상에, 왜 이제 알았을까. 자주 가는 부천생태공원보다 볼거리가 훨씬 많았다. 입구 쪽에 자리 잡은 자연교육센터에는 사마귀, 타란툴라, 사슴벌레 등 곤충들이 자라는 모습을 생생하게 볼 수 있었다. 특히 사마귀를 보고 웃음꽃이 폈다.

"아~~~ 이쁘다. 엄마, 사마귀 예쁘다."

사마귀 피규어figure와 같이 자는 아이니 예쁠 만도. 부천생태공원 내 자연생태박물관에는 곤충, 양서류, 파충류를 만날 수 있는 생태체험관이 있긴 하지만, 종류가 적어 맛보기만 하는 기분이다. 하천생태관과 공룡전시관도 수박 겉핥기로 만들었는데 도통 개선되지 않은 채 입장료까지 비싸게 받고 있다.

그런데 나비공원에서는 태린이가 좋아하는 곤충을 다양하게 접할 수 있었다. 곤충을 아이들이 자세하게 관찰할 수 있도록 전시를 해둔 점이 가장 마음에 들었다. 어린이가 쉽게 이해할 수 있도록 설명도 신경썼다. 태린이에게 박물관만큼 행복한 장소가 있었으니 나비 생태관이었다.

"우리 나비 보러 가자. 나비가 태린이 기다리고 있는 걸?"

아빠가 태린이를 안고 나비 생태관으로 데려갈 때 《비밀의 화원》에서 메리가 처음 비밀의 정원으로 들어가던 장면이 떠올랐다. 아빠는 여러 차례 시도 끝에 손가락 위에 나비를 올려 보여주었다. 자연교육센터에서 나오기 싫어서 얼굴이 빨개지도록 속상했던 태린이는 어디로 가고 호기심 소녀로 돌아왔다.

아빠 엄마가 나비 곁에 손가락을 들이밀고 기다리면 나비가 언제 손가락 위에 올랐다. 태린이도 곧잘 따라하더니 연이어 성공했다. 곁을 안 주는 호랑나비와 교감도 성공했다. 옆에 초등학생 언니들도 부러운 눈빛으로 태린이를 쳐다봤다. 태린이는 자신감에 찼다. 본인 어깨에도 날개를 달아놓은 듯했다. 시간이 지나자 태린이를 부럽게 쳐다보던 언니들도 드디어 성공했다.

태린이 손가락 위에서 나비가 유독 오래 머물렀다. 천천히 손가락을 눈높이에 올려 다리와 더듬이와 날개를 관찰했다. 그리고 나비 눈을 찾아 눈을 마주쳤다. 부천생태공원 나비정원에서 배추흰나비 200마리를 풀어놓은 행사 기간에도 갔던 적이 있는데 워낙 규모가 큰 공간에 풀어놓은지라 나비를 쫓아다니기 바빴다. 태린이를 나비

손가락 위에 앉은 나비로
자신감 상승했던 태린이

세계로 이끈 아빠는 딸에게 점수를 엄청 땄다. 사람들에게 괴롭힘을 당해야 하는 나비에게 미안하긴 했지만 말이다.

숲놀이 체험

주말 내내 강의로 바쁜 남편 때문에 외출은 엄두도 못 냈다. 가을 숲 체험만큼은 아빠 없이도 가보겠다며 용기를 냈다. 어린이집 같은 반 친구 가족도 함께 참여하니 부담이 적었다. 둘째는 걷기 시작한 이후 호기심이 폭발한 나머지 무법자 모드였다. 유모차만이 답이었다. 자기도 걷고 싶다고 강하게 어필하는 스타일이어서 유모차에만 두더라도 신경이 덜 쓰일 것 같았다. 어머나, 세상에. 남편이 우리와 함께 하겠다고 강의를 연기했다. 흔치 않는 일이다. 달라져도 이렇게 달라지다니. 적응이 안 됐지만 내심 기뻤다. 처음부터 끝까지 숲 체험을 집중해서 경험하고 싶었다. 우리 모녀의 첫 숲놀이니까.

어린이집에서 숲에 자주 가는 아이라 숲 체험을 굳이 비용을 들여 할 필요성을 못 느끼다가 어느 순간 생각을 고쳐먹었다. 발도르프 교육을 2년째 경험해 보니 부모도 관여하고 실천해야 그 교육이 의미가 있다는 점을 깨달았기 때문이다. 숲 체험은 발도르프 교육의 핵심이다. 그런데 숲 체험에 대해 숲을 걷는 동안 해설사가 해주는 설명을 듣는 정도로만 알고 있었다. 또 세네 살 아이에게 초점을 맞춘 숲

활동이 있다는 생각도 못했다. 그러던 와중에 같은 어린이집을 보냈던 지우 엄마가 올린 후기를 보고 이곳에서라면 아무리 바빠도 계절마다 숲을 가보기로 결심했다. 이곳 체험은 네 살 아이들 속도에 맞춰 진행됐다. 네 살 아이들도 숲을 천천히 머물며 볼 수 있었다. 지우 엄마는 숲 체험 프로그램을 만들고 진행하는 루나스에코라이프의 직원이었다. 딸 지우가 어린이집을 졸업한 이후에도 학부모 수업을 맡아주곤 했다.

오전 10시 반. 상암 평화의 공원에 모였다. 도착한 순서대로 아이가 좋아하는 동물 도장을 찍어 이름표를 만들었다. 태린이는 고슴도치와 고양이 도장을 앞뒤로 찍었다. 동물 도장이 마음에 들었는지 둥글게 서서 열기 노래를 시작했을 때부터 기분이 좋았다. 미리 안내받은 노래를 함께 불렀다.

"안녕 안녕 안녕 안녕 뽕! 뽕~
봄(짝짝~! 짝!), 여름(짝짝~! 짝!), 가을(짝짝~! 짝!), 겨어울~ 많은(짝짝~! 짝) 친구들이 우릴 기다리지~."

태린이는 '뽕뽕' 가사가 마음에 들었는지 키득거렸다. 태린이는 아빠까지 옆에 있으니 마음이 한결 편해 보였다. 네 살 언젠가부터 아빠와 함께하는 시간도 늘 바라는 눈치였다. 예전에는 뭣도 모르고 엄마한테 끌려다니며 마냥 신나 했지만, 지금은 꼭 그렇지는 않았다. 아빠

자연과 모든 생명체를 사랑하는
딸아이에게 딱 맞춤이었던 숲놀이

의 빈자리를 알고 있었다.

태린이는 숲해설가 꾸러기 선생님 뒤꽁무니만 쫓아다니며 말씀 하나하나에 귀 기울여 들었다. 꾸러기 선생님과 1시간 넘게 천천히, 그러면서도 많은 내용을 함께 했다. 국화꽃 향기 맡기, 산수유 열매 주워 담기, 나뭇잎으로 부엉이 만들기, 계수나무 이파리 모아 방향제 만들기, 산란 준비를 하는 좀사마귀 관찰하기, 짝짓기 준비 중인 암컷과 수컷 무당거미 보기, 날개 달린 열매를 모아 바람 타고 빙글빙글 춤추며 내려가는 모습 보기, 바닥에 깔아준 동물 그림 돗자리에 모아둔 낙엽과 열매 등을 올려 먹이주기. 선생님께 건네받은 사마귀를 손과 팔 위에 놓고 노는 모습에 우리 부부는 딸에게 붙여준 '곤충러버' 타이틀을 다시 한 번 실감했다. 모든 생명체를 사랑하는 딸을 둔 엄마도 숲 체험을 통해 많이 배웠다.

"저도 저도요."

내가 제일 좋아하는 말. 무엇이든 적극적으로 보고 만지는 당돌한 꼬마아이는 중심에 서 있었다.

숲놀이 마지막은 친구들, 엄마들과 더 가까워지는 시간이었다. 모두 손잡고 큰 원을 그리면서 노래를 부르다 서로 껴안았다. 엄마가 격렬하게 안아주니까 태린이는 정말 행복해 했다. 콩주머니로 엄마와 주고받기도 하고 하늘로 던졌다가 받기도 했다. 친구들과 나란히 서서 공을 머리에 올리고 떨어트리지 않기 놀이도 했다. 해맑은 아이들은 어디가고 떨어질까 봐 진지한 표정들이다. 그 와중에도 틈틈이 친구 손을 잡는 아이들이 참 예뻤다. 가까운 친구들과 함께여서 더 즐거운 숲놀이였다.

발도르프와 자연주의 교육을 실천하려고 노력 중인 루나스에코라이프 대표님과 지우 엄마 덕분에 좋은 프로그램을 접할 수 있었다. 발도르프 요소가 많은 체험이라 아이들에게도 친근하지 않았나 싶다. 눈에 보이는 걸 입에 다 넣기 바빴던 태윤이를 결국 유모차에 앉혀 둬야 해서 그 부분이 조금 아쉬웠다. 앞으로는 우리 아들과 함께 하는 숲속 여행도 기대한다. 구강기가 어서 끝나기를.

○ 시흥갯골생태공원

아이들과 즐길 공간 탐조대, 잔디 광장, 염전 체험, 사구식물원, 전기차 탑승, 해수체험장(7~8월 물놀이 개장, 만 36개월 이상 어린이 이용 가능), 천이생태학습원, 생태 상상놀이터, 수상레저 체험관, 갯벌생태 학습장

문의전화 031-488-6900

주소 경기도 시흥시 장곡동 동서로 287

특이사항 매점 없음. 수유실 및 기저귀 교체 공간 있음.

○ 루나스에코라이프 '숲에서 놀자' 일정

강남 양재시민의 숲 봄 (4~6월), 가을(9~10월) 두 절기에 주 2회

상암 평화의 공원 3월부터 매월 1회

대상 3~7세

(5~7세: 양재시민의 숲에서 평일에만, 기존 오감을 깨우는 놀이 프로그램에 생태적 내용 추가)

내용 부모와 아이가 함께 자연과 교감하는 숲놀이

참가비 2만~3만 원

시간 평일 오전 11시, 오후 4시 20분, 주말 오전 11시

(대상 및 세부 일정은 루나스에코라이프 SNS 공지 참고)

문의 및 신청 문자 0507-1312-2053

페이스북 & 인스타 @lunas_eco_life @ecommome

카카오톡ID lunasecolife

다락방 북스테이

동생이 생긴 뒤로는 엄마랑 책을 못 읽는 태린. 좋아하는 책을 하루에도 스무 번 넘게 읽어야 하고, 두꺼운 곤충도감 책 한 권을 꼼꼼하게 다 읽고 넘어가야 직성이 풀리는 아이이다. 그런 아이에게 하루에 한 권도 제대로 읽어주지 못했다. 태윤이도 누나 따라 책을 꺼내 엄마한테 읽어달라고 하는 횟수가 부쩍 늘었다. 꼭 누나랑 책 읽는 타이밍에 저도 읽어 달라 한다. 우 태린, 좌 태윤. 양쪽에서 자기가 들고 온 책을 읽어 달라고 보채다 두 아이 모두 울고 말았다. 책은 누구에게도 몇 장 읽어주지 못했다.

셋 다 마음 상하는 날이 하루 이틀이 아니었다. 누나 읽어주는 책을 같이 보면 좋으련만, 태윤이 녀석은 무조건 달려들고 봤다. 책에 덤벼들어 손바닥으로 책을 크게 구기고 그것도 못해 바닥에 내팽개쳤다. 아들을 제어하다가 시간이 흘러갔다. 태린이의 욕구를 충족시킬 시간이 필요했다.

아이들과 '책 읽기 전쟁'을 치를 때마다 동화 속에 나올 법한 책방이 떠올랐다. 괴산 칠성면 미루마을에 위치한 '숲속작은책방'. KBS '사람과 사람들' 다큐멘터리를 보고 태린이와 하루 종일 책만 읽을 날을 꿈꿔왔다. 책을 좋아하는 아이로 이끌어서 데려가면 참 좋겠다 싶은 북스테이 장소였다. 그 방송을 본 며칠 뒤, 2017 서울국제도서전 SIBF '서점의 시대'가 열렸을 때 '숲속작은책방' 부스에 제일 먼저 갔다. TV 속 그녀, 백창화 작가님이 먼저 다가오셨다.

"어서 오세요~~ 어떤 책을 찾고 있나요?"
"아이한테 읽을 책을 찾고 있어요."
"몇 살이에요? 딸인가요?"
"네, 동물이랑 자연을 정말 사랑하는 해맑은 여자 아이예요."

그러시더니 그림책《왜냐면》과《마음이 퐁퐁퐁》을 바로 뽑아 어떤 이야기인지 풀어주셨다. 얼마나 예쁘고 맛깔나게 말씀하시는지 추천해주신 책을 나도 모르게 다 샀다. 설명해주신 멘트보다 내 눈에 맞춰 말씀해주셨던 표정이 아직도 기억에 남을 정도다. 예쁜 글씨로 작가님만의 생각을 적어둔 띠지도 매력이었다. 그림책을 읽고 싶어서라도 어린이로 돌아가고 싶어졌다. 이 분이 가꾼 책방에서 아이가 책을 읽는다면 더욱 더 사랑스러워질 거라 믿었다.

책방지기인 김병록 대표님과 백창화 작가님은 서울 토박이로 살다가 지난 2011년 괴산에 터를 잡았다. 처음부터 책방은 아니었다. 10여 년간 운영해온 도서관을 접고 괴산에서 도서관을 운영하면서 책마을을 만들고 싶었지만 분양회사 자금난에 마을도서관 건립이 무산됐다. 작은 도서관 하나를 바라보고 시골로 내려온지라 2년 동안 마음을 많이 다치기도 했지만 아쉬운 대로 집 마당에 원두막을 두 채 만들고 현관 쪽에도 앉아 책 읽을 공간을 마련해 가정식 서점을 세웠다. 두 분이 쓴《작은 책방, 우리 책 쫌 팝니다》책 속에는 이 공간이 얼마나 간절하면서도 소중하게 만들어졌는지 나와 있다.

2시간 정도 걸려 미루마을에 도착했다. 고양이들 출입 때문인지 문이 살짝 열려 있어서 태린이가 쉽게 문을 열었다. 조심스럽게 거실로 발걸음을 옮겼다. 김병록 대표님이 먼저 맞이해주셨다. 태린이는 인사를 참 잘했다.

"안녕하세요."

90도도 아닌 130도 인사였다. 백창화 작가님께도 뒤이어 같은 각

△ 책방지기인 김병록 대표님과 백창화 작가님이 괴산 미루마을에 만든 가정식 서점의 전경
▽ 앨리스의 다락방

도로 인사했다.

"아이고~ 예뻐라~."

우리 모녀의 첫 북스테이, 시작부터 좋았다. 책을 파는 서점이기도 하고 북 토크와 크고 작은 문화 행사도 적지 않은 책방이라 어린아이가 와서 신경 쓰는 일이 생길까 봐 조심스러운 마음으로 입성했는데 어른한테 인사부터 잘하니 부모 입장에선 한시름 놓였다. 태린이는 도도한 성격 때문에 불과 두 달 전까지도 인사를 잘하는 아이는 아니었다.

영유아를 데려 오기 전에 아이 특성을 잘 살피라는 공지 글을 보고 지레 먼저 겁을 먹었다. '0~4세 영유아에겐 서로가 불편한 숙박일 수 있어서 4세 이하 어린이 동반은 다시 한 번 고려해보시라고 권해드립니다.'

숙박 예약 안내 사항을 읽으니 심층 면접을 받는 기분이었다. 책을 파는 서점이기도 하고, 대문에서부터 방방곡곡에 책이 진열돼 있으니 그럴 만도 했다. 책방 가득 깔린 크고 작은 소품을 만지고 싶어 하는 아이와 씨름하다가 시간을 날려버릴 수도 있었다. 그런 이유로 아이 특성을 살피고 숙박을 신청해야 했다. 숙박을 예약할 때 태린이가 책을 소중히 여기는 아이라는 점을 강조했다.

태린이는 책을 함부로 하지 않는 아이다. 도서관에 매주 한 번 이상은 다니며 낯선 장소에 가더라도 책을 꺼내 읽는 습관이 자리 잡힌 아이라고 말씀드렸다. 주야장천 책만 읽지는 않고 한 바퀴 종종걸음으로 뛰어다니다 또 책 읽는 모양새지만 스스로 책을 골라 읽을 줄은 알았다. 책과 각별하게 보내고 있는 태린이를 믿고 이곳까지 왔다.

백 작가님이 먼저 책방 공간을 안내해 주셨다. 드디어 기다리고 기다렸던 2층 앨리스의 다락방 앞에 섰다. 다락방은 두 개의 공간이 있었다. 하나는 자는 방, 다른 하나는 두 분이 세계 여행하며 수집한 그림책 관련 소품과 해외 그림책이 아기자기하게 가득 찬 방이다. 후자는 태린이에게 꼭 선물하고 싶은 방이었다. 우리가 이곳에 온 이유였다. 문 앞에서 작가님이 태린이에게 제안했다. 세상에서 제일 두꺼운 방문일 게다. 에릭 칼 책에서 본 애벌레 책도 있고 크고 작은 인형도 있으니 태린이도 뭔가 기대하는 눈치였다.

"여기에 뭐가 있을지 열어볼까? 열어봐 봐. 두둥~."

아이에게 이런 기대감을 주는 배려라니. 태린이는 이런 관여형 대화를 좋아한다. 아이에게 주고 싶은 선물을 소중하게 공개해주셔서 감사했다. 태린이는 2층으로 오르내리는 재미가 좋은지 왔다 갔다 하면서 혼자서도 책방 사찰에 나섰다. 그러다가 한 권씩 책을 꺼내 읽기 시작했다. 현관에서부터 신발을 벗고 들어오는 가정식이라 왔다 갔다 하기 쉬웠다.

"엄마 엄마 봐봐. 엉엉엉엉~~~ 엉엉엉엉~~~."

눈물바다에 나오는 주인공 밤톨이 인형이었다. 꿈책맘님과 한글 그림책 프로젝트를 하면서 읽은 책들이 모두 모여 있었다. 1층 판매대에는《메리》,《눈물바다》,《감기 걸린 물고기》. 2층 자는 방에선《안아줘》. 아이는 그 방에 젖어 혼자 시간을 보냈다. 애벌레 책상에 놓인 사인펜부터 들고 그림 몇 장을 남기기도 했다. 그 시간 동안 나는 백 작가님과 이야기를 나누었다.

태린이는 다행히 책을 조심히 다뤄주었다. 책이 많지만 도서관이 아니라 책을 사는 서점이라고 오는 길 내내 말을 해줬다. 집에서는 책을 함부로 다루면 혼이 난다. 다른 것엔 크게 제어하지 않고 어디든 낙서해도 좋다고 말하는 엄마지만 책을 장난스럽게라도 밟거나 엄마 책에 낙서라도 하면 불호령이 떨어진다. 눈빛이 얼마나 무섭게 달라지는 엄마인 줄 알아 그런지 거실 한복판을 뛰어 돌아다니다가도 보고 싶은 책이 있으면 멈춰서서 두 손으로 살포시 들었다.

2층 다락방에 올라가선 좀 편하게 책장을 넘겼다. 두 분이 어린이 도서관을 운영하실 때 소장하신 영어 그림책이 많았다. 기차 모양 박스엔 집에 없는 팝업 북이 가득 담겨 있었다. 많이 본 흔적이 있어서 책장을 넘기면서도 마음 편한 눈치다. 아이는 그렇게 자정까지 책과 삼매경이었다.

그리고 또 하나. 앨리스의 다락방에는 낮에 발견하지 못한 소품들

책 향기 가득한 숲속작은책방에서
TV도 태블릿 PC도 없이 책과 마주한 시간들.

이 보였다. 태린이는 그중 아기돼지 삼형제 종이집과 피규어를 보고 한참을 놀았다. 그동안 나는 엄마들과 하는 영어 스터디 과제를 위해 음악 분야 표현을 찾아 여러 책을 뒤적거리고 있었다. 이 책 저 책 보다가 아기돼지 삼형제 팝업책을 발견했다.

"태린아, 아기돼지 삼형제 책이 여기 있어."

아이가 내게 다가왔다. 영어로 그리고 한글로 번갈아 가며 읽어주었다. 집에 있는《아기돼지 삼형제》를 읽어준 적 있는데 관심 없어하더니 피규어 덕분일까. 자연관찰 책만 보던 아이가 새 책을 뚫었다. 우리는 이렇게 각자 놀다가도 다시 뭉치다가를 몇 번이나 반복했다.

아이가 다시 피규어를 갖고 놀고 있으면 나는 동화책을 다시 읽고 표현을 익혔다. 그러면 아이는 다시 내게 왔다. 잠시 동안 몇 가지 외운 표현으로 아이와 역할 놀이를 시작했다. 태린이가 여우 피규어를 보더니 영어로 말을 꺼낸다. 그리고 나는 아이 옆에 붙어 같이 역할극을 시작했다. 영어 그림책《디너타임dinnertime》을 열심히 읽어주고 문장을 활용한 보람이 있었다.

"pigs, pigs run away!"

"Three little pigs, run run run! Or that fox will eat you, one by one."

"I will blow your house. Who~~~~~~~~~."

"태린아, 읽고 싶은 책 골라 봐." 이런 말을 한 번도 하지 않았다. 돌이켜 보니 그렇다. 책 향기가 가득한 이곳에서 책과 마주한 시간이었다. 아이는 소품으로 놀지, 책을 읽을지 스스로 결정했다. 혼자 책을 보다가도 어떤 책은 읽어 달라고 했다. 놀다 책 읽다를 반복하는 아이를 보며 책 읽는 공간이 매우 중요함을 다시 깨달았다. 엄마는 다른 책을 읽고 있었는데도, 아이는 엄마와 마음껏 시간을 보낸 듯한 표정이었다. 다락방에 머문 시간만큼은 우리는 서로 어떤 부담도 없이 자연스럽게 시간을 흘려보냈다.

첫 날은 백창화 작가님과 다음날 아침은 김병록 대표님과 이야기를 오래 나누었다. 북스테이를 하게 된 동기와 건너건너 지인들 이야기부터 시작해 대안학교, 전국 작은 책방들 이야기, 태린이와 고양이 모습, 그러다 아드님 이야기까지. 두 분과 대화 나눌 생각에 전날 밤에는 잠도 못 이뤘는데 나긋나긋 자근자근 목소리로 말씀하시는 김 대표님과 감기 때문에 컨디션이 안 좋으신데도 새로운 사람 이야기가 궁금한 백 작가님 마음에 이곳은 단순한 책방이 아님을 느꼈다.

어떻게 이런 시골에서 책방을 운영해도 책을 제법 잘 파는 서점이 됐는지도 수긍이 갔다. 두 분 모습이 너무 예뻤다. 작은 오두막집에서 우리 남편과도 이렇게 늙어 가면 얼마나 좋을까 싶었다. 백 작가님은 바깥 살림을 도맡는 여장부 느낌이었고, 김 대표님은 아내가 싫어하거나 못하는 점을 해결해주시는 척척박사 같았다. 어린아이를 데려와 긴장한 데다 조리하다가 아이를 통제 못할 상황이 올까 봐 겁라면으로 저녁을 먹으려던 우리는 두 분이 차려주신 저녁을 함께 먹게 됐다.

원래 두 분과 함께 먹을 것까지 사가려고 했지만, 뭔가 조리한 음식도 조심스러워서 조용하게 먹고 가는 쪽을 택했다. 책방에 오기 전 괴산 초입에서 한우 가게에 들러 미리 포식을 해둔 상태였다. 저녁때 마음 놓고 컵라면과 컵우동을 먹을 정도로. 태린이는 꽃등심 한 덩어리를 모두 먹었고, 나는 된장찌개를 시켜 나온 반찬에 밥 두 그릇을 금세 해치웠다. 저녁까지 먹겠다는 심사로 흡입했던 나는 어디로 갔는지 백 작가님이 만들어주신 어묵탕을 두 그릇이나 해치웠다.

태린이가 혼잣말을 하고 책을 읽는 목소리만 들릴 뿐, 고즈넉한 시간을 보냈다. 두 분과 나누는 식사 시간도 잔잔했다. 두 분의 나직한 목소리가 긴장된 마음을 내려놓게 했다. 원고 마감이 임박해 작은 소리에도 민감했었는데, 손끝까지 예민했던 감각들이 모두 편안하게 제자리를 찾았다. 시골살이가 이래서 좋구나.

오후 산책 때 보니 정말 조용한 마을이었다. 가로등도 없었다. 그래서 여름이면 반딧불이가 가득 찬 모습을 볼 수 있다고 한다. 식당은 커녕 슈퍼마켓 하나 없었다. 책을 사랑하는 두 분과 사방에 놓인 책과 함께하는 하루. 어느 방을 가든 책이 있었다. 자는 방에도, 마당에 놓인 두 채의 오두막에도 책이 있었다. 해먹도 있었다. 북스테이 대부분이 그렇지만 하루에 한 팀만 받는다. 그래서 편안하게 묵다 갈 수 있다. 책을 좋아하는 사람에게는 북스테이를 하는 하루가 짧게만 느껴졌다.

우리 모녀는 공간에 예민한 유형이다. 어떤 장소를 좋아한다는 매뉴얼은 딱히 없지만 첫 느낌이 중요한, 집안에선 상당히 알아주는 까칠이들이다. 성격 좋게 어디든 잘 가서 잘 자고 잘 먹기도 하지만 좋아하는 곳에만 정을 주는 우리 모녀. 이곳을 소개한 책과 기사, 다큐멘터리 등을 다 보면서 분명 좋을 거라고 예감했지만 실제 몸담고 있으니 우리와 잘 맞는 공간이었다. 책장, 책꽂이, 소품은 모두 두 분의 손길이 닿아 있었다.

김 대표님은 목공을 배워 책장까지 직접 만드셨다. 다락방 책장 문도 마루에 있는 오두막도 모두 대표님 작품이었다. 태린이는 특히 다락방에 있는 기차 책꽂이를 좋아했다. 이것 역시 김 대표님 작품이었다. 기차 칸에는 팝업책이 가득 있었다. 열차 사이로 마른 몸이 쏙 들어갔다. 기차 뒤로는 통유리로 거실이 보였다. 태린이는 아래로 트인 시선도 마음에 들었는지 유리로 손을 한 번 대고 거실 책들을 구경했다. 그러다 다양한 팝업책을 하나씩 꺼내서 보기 시작했다. 그날 밤 태린이는 기차에 실린 팝업책을 절반 정도 꺼내보았다. 아이들에게 책을 읽혀주고 싶고 마을에 책 문화를 나누고 싶어 하는 두 분의 마음이 서점 곳곳에 고스란히 담겨 있었다. 사람의 정성은 어린아이의 마음도 놀랄 만큼 움직인다.

태린이가 이곳을 좋아하는 이유는 하나 더 있었다. 이 집에 사는 고양이 나비와 공주. 이곳에 온 또 다른 이유였다. 책을 보지 않을 때 고양이랑 놀면 되겠다고 생각했다. 예상대로였다. 다행히 녀석들이 참

순했다. 아빠 나비는 가만히 있는데 엄마 공주는 태린이가 쫓아가면 피하고 구석으로 들어갔다. 태린이는 포기하지 않고 그 구석까지 찾아 들어갔다. 나중에는 공주도 포기했는지 부엌 다용도실 어두운 구석에 그냥 나 몰라라 주저앉았다.

아이들 소리에 겁을 많이 먹는다는데, 태린이가 자꾸 다가가도 물거나 소리 내지 않았다. 그때 태린이는 구례에서 자기 보고 짖어대는 강아지들과 간식으로 가까워지려고 노력했던 기억을 떠올리기라도 했는지, 갑자기 현관문 쪽에 놓인 먹이통에서 사료를 나르기 시작했다. 한 손에 한 알씩. 공주부터 넣어줬다. 공주가 일어서더니 문 쪽 태린이 근처로 슬슬 움직였다. 근데 녀석은 바로 안 먹었다. 태린이는 더 가까이로 가져다주었다. 그리고 가만히 기다렸다.

"(아저씨 음성으로) 먹. 었. 다~~."

본 채 만 채 만지든 말든 '네 맘대로 해라' 모드였던 나비도 갑자기 고개를 들었다. 태린이가 이번에는 사료를 두 알씩 들고 와서 한 알은 공주한테, 한 알은 나비한테 주었다. 어느 순간 한 주먹씩 들고 왔다. 다 먹는지 바라보고 또 현관으로 달려갔다. 나비랑 공주가 자기가 들고 온 밥을 먹어주니 발걸음도 더 가벼워졌다. 이곳에 뱀이 살고 있다면 뱀한테도 같은 방식으로 다가갈 우리 딸. 다음 날 아침에 일어나자마자 고양이한테 제일 먼저 달려갔다. 태린이를 보시고는 동물과 교감하는 능력이 특별해 보인다고 하셨다. 무슨 유전자가 있을 거라고. 집에 찾아오는 길고양이를 내치지 못하고 매번 좋은 참치캔을 꺼내서 먹여주시는 시어머니와 어릴 적 한때 사육사가 꿈이었던 동생이 생각났다.

대표님은 태린이가 야생 소녀 아프리카로 알려진 티피Tippi와 닮았다고 하셨다. 백 작가님도 진짜 그렇다고 맞장구를 치셨다. 인터넷에서 티피를 검색하고 나 역시 놀랐다. 도마뱀을 턱 밑까지 데려가 가슴에 껴안고 있던 모습, 파충류전에서 각종 뱀과 구렁이를 팔에 목에 두르던 아이, 구례 수월리소소에 살고 있는 까미와 뽀뽀하고 하늘을 멍하니 바라보고 있던 모습이 하나하나 떠올랐다. 고양이 털 알레르기도 없나 보다. 얼굴에 바로 빨갛게 반응 나타나는 아이도 많다던데. 그렇게 붙어 있어도 간질거리는 증상 하나 없었다. 아무리 보아도 너는 숲속책방과 잘 어울리는 아이였다.

늦은 밤, 거실에서 두 분이 메인에 진열해둔 책을 살펴보는 동안 아이는 신나게 공간을 즐겼다. 사다리를 타고 거실 책장에 오르기도 하고 자려는 공주한테 다가가 그녀의 쉼을 방해하기도 했다. 딸이 책을 흩뜨리지도 않았지만 혹시 사고 날까 봐 내 책에는 집중하지 못했다. 내가 읽기 내공을 더 쌓고 아이가 좀 더 크면 언젠가 가능할지도 모르겠다. 사고 싶은 책을 눈에 급하게 넣고 결국 2층으로 올라가 태린이한테 더 집중하기로 했다. 다락방에는 손때 묻은 책들이라 나도 아이도 부담이 없었다. 다양한 팝업 책부터 보았다. 금방 뜯길까 봐 마음

놓고 사지 못하는 팝업책을 실컷 보았다.

"엄마, 엄마, 우주가 꽝~~~."
"꽝~~~, 엄마도 놀랐어."

엄마 반응에 그 페이지만 열 번 넘게 덮고 열기를 반복했다. 아이랑 실컷 놀다가 잠들고 나니 자정이었다. 드디어 원고를 쓰기 시작했다. 책장 옆에 놓인 책들이 나를 얼마나 유혹하던지 새벽 내내 곤욕이었다. 마음이 급해서 짧게 훑어보던 습관은 버리지 못했다. 원고 쓰다가 책 읽다가를 반복하다가 새벽 4시쯤 되어서야 잠이 들었나 보다. 장거리는 아니었지만 화물차가 많아서 그런지 운전하면서 피곤함이 쌓였고, 연일 밤샘을 해서 컨디션도 바닥인 상태였다.

아침이 되어서야 멍한 상태로 차에 두고 온 휴대폰 충전기를 가지러 나섰다. 2층에서 계단을 내려가는 길에 창문을 보고 놀랐다. 눈이었다. 현관문을 열고 몸을 돌리자 입을 다물지 못했다. 온통 하얀 세상이었다. 인적 드문 곳에 새소리만 가득했다. 아이를 사랑하는 보답이자, 어떻게든 열심히 살고 있는 나에게 주는 선물 같았다. 태린이는 눈보다 고양이가 더 좋단다. 덕분에 혼자 감상하는 시간을 가졌다.

우리 모녀의 괴산 여행 마지막은 산막이옛골 산책길이었다. 쌓인 눈이 금방 녹은 터라 길마다 비 내리는 것처럼 물이 뚝뚝 떨어졌지만 선착장 부근까지 걸어보았다. 아이와 손잡고 걷고 싶었다. 아이는 자라 있었다. 평소에는 사진 촬영을 거부했던 태린이는 어느새 얼굴을 맞대고 나와 셀카를 찍어주었다. 그리고 엄마가 저기 서보라고 하면 손가락으로 브이를 만들며 포즈를 취해주었다. 우리 아기가 이렇게 많이 컸구나.

"태린아 우리 어디 다녀왔지?"
"책 집에서 잤어."
"맞아, 책방. 태린이 좋았어?
"응"
"그럼, 또 갈까?"
"이제, 집에 갈 거야."
"아빠랑 태윤이가 집에 있잖아."
"태윤이한테 갈까?"

그렇게 진하게 놀고 이제는 집에 가자는 아이. 네 살짜리 딸에게 벌써 가족의 의미가 단단하게 자리 잡았구나 싶었다.

우리는 서울로 가자마자 어린이집에 있는 태윤이를 데리러 갔다. 태윤이와 병원에 다녀올 동안 태린이는 어린이집에서 낮잠에서 깬 친구들과 놀고 있었다. 선생님은 태린이 기분이 정말 좋아 보인다며 어디에 다녀왔는지 궁금해하셨다.

그림책 속에 나올 법한 숲속작은책방. 책 냄새를 맡으며 짧지만 깊

아이를 재우니 자정 무렵이었다.
원고 쓰고, 책 읽고를 반복하다 새벽 4시쯤 잠이 들었다.

은 추억을 남겼다. 나에게도 딸에게도 마음이 깊어진 여행이었다. 엄마의 소망은 그렇다. 책을 벗처럼 아끼고 사랑하는 사람으로, 사람들과 원활하게 소통하는 아이로 성장하길.

떠수니의 여행 육아 TIP

숲속작은책방 북스테이

○ 기본 조건

- 책을 좋아하는 사람
- 한 권이라도 '행복한 소비의 의무'를 실행할 사람

○ 알아 두어야 할 점

- 책방을 즐기기 가장 좋은 계절은 봄과 가을이다.
- 화장실이 1층에 하나 있다(카페지기와 같이 사용해야 한다.).
- 하루 한 팀 1박만 가능하다(여성 1인이면 여성 1인 추가로 받기도 한다. 아이가 없는 성인이 1~2인일 경우 2박도 가능하다.).
- 조식으로는 커피, 토스트 혹은 샌드위치 등 간단한 빵과 음료를 제공한다(미루마을 내 식당이나 편의시설이 없다.).
- 4세 이하 어린이 동반은 신중하게 고려해야 한다.
- 순한 고양이 두 마리가 1층에 살고 있다(털 알레르기가 있다면 주의해야 한다.).
- 도착한 날 저녁에는 간단한 국거리 반찬거리를 가져와서 먹는다. 간단하게 조리해서 책방지기들과 함께 나누기를 추천한다. 인근

식당에서 해결해도 좋다.

○ 예약 절차

다음 카페(전화 상담은 받지 않는다) cafe.daum.net/supsokiz

주소 충북 괴산군 칠성면 명태재로 미루길 90 / 미루마을 28호(충북 괴산군 칠성면 사은리 768-5)

입실·퇴실 시간 오후 3시, 오전 11시

서점 운영 시간 오후 1시부터 오후 6시(월, 화 영업 안 함)

예약 가능 요일 수, 목, 금, 토 중 2~3회

숙박비 1인 6만 원, 2인 8만 원, 3~4인 10만 원

아이들과 근처에 방문할 만한 장소 산막이옛골, 자연드림파크

아이들이 빛나는 공동육아

태린이와 준우는 하원 후에 자주 같이 놀았다. 근처 공원에 자주 다녔고 우리 집에서 놀 때도 많았다. 미세먼지도 없고 날씨도 좋으면 여의도 한강 공원에 가서 저녁 늦게까지 텐트 치고 놀다 오기도 했다. 어느 날 숲으로 가던 길에 마주친 수현이가 우리와 함께 했다. 멤버가 하나 늘어나서 더 기쁜지, 태린이랑 준우 표정도 더욱 밝아졌다. 서로 손잡고 설레 하는 모습이 예뻐 카메라로 많이 담아뒀는데 사진 속 아이들 표정이 같은 어린이집 같은 반 엄마들 사이에 자극제가 됐다.

다음 날부터 하나둘 멤버가 늘어 결국 다섯이 몰려다니기 시작했다. 다섯이 모두 모이면 흥분한 나머지 꼬마 악동으로 돌변했다. 마음껏 소리를 질렀고 한 명이 뛰면 다른 한 명도 줄줄이 뛰기 시작했다. 빙글빙글 서로 뒤꽁무니를 쫓아다니며 원을 그리다가 자기들끼리도 웃기는지 킥킥거렸다. 차를 타고 한 명씩 행선지에 도착하면 먼저 도착한 녀석이 막 도착한 녀석에게 달려가 소리치듯 이름을 불러 댔다. 하루 종일 함께 노는 너희인데 또 봐도 그렇게 반갑고 좋을꼬.

자주 가는 푸른 수목원이나 부천 생태공원은 평일 오후에는 사람이 거의 없어서 아무리 아이들이 소리쳐도 눈치 볼 일이 없었다. 우리가 사는 지역은 서울 끝자락이지만 아이들과 산책하고 체험하기 좋은 장소가 많다. 생태공원은 각종 풀과 꽃, 곤충이 가득하며 계절의 변화를 잘 느낄 수 있는 곳이었다. 꽃길을 따라 인공폭포 길을 지나면 준우랑 태린이가 통과의례처럼 들리던 정자가 나왔다. 아이들은 태린이와 준우를 따라 줄지어 정자에 도착해 신발을 벗고 방방 뛰기 시작했다.

이 정자로 말할 것 같으면 우리 아들이 준우 여동생 은유를 바닥에 눕혀 진한 입맞춤을 했던 추억의 장소다. 엄마들은 정자 밖에 하나 둘 서서 잡기 놀이를 유도하고 무서운 동물 흉내를 냈다. 아이들은 더 흥분했다. 어느 엄마 하나 쉬지 않았다. 모두 얼마나 춤을 추고 노래를 부르고 소리를 질렀는지 모른다. 아들도 곧잘 걷기 시작해 형님들이 끼어주지 않아도 알아서 한 자리 차지했다.

얼굴이 빨개지도록 소리치는 순간이 행복했던 아이들. 우리 아이들이 언제 어디서 마음껏 소리를 지를 수 있던가. 이렇게 스트레스를 풀 줄 아는 아이를 가두고 살았던 건 아닐까. 아이들도 하원 후 일상이 행복했는지 집에 갈 때면 엄마한테 매일 공원에 가자고 졸라 댔다. 그렇게 우리의 공동육아는 자연스럽게 시작됐다.

우리는 숲으로 점점 범위를 넓혀갔다. 늘 같은 곳에 자리를 잡았다. 넓은 나무 평상에 돗자리를 깔고 테이블 위에 간식 기지를 만들었다. 바로 옆에 수도가 있어 물놀이 하기도 손을 씻기기도 좋았다. 아이들은 숲놀이가 익숙했다. 엄마들이 이렇게 저렇게 주문하지 않아도 알아서들 놀이를 찾았다. 도토리가 본격적으로 많아질 때였다. 아이들은 집에서 가져온 깨끗한 흰 천 위에 도토리와 솔방울, 나뭇잎을 모아두고 밥상을 정성스럽게 차렸다.

참개구리를 만난 날에는 또 볼지도 모를 개구리한테 상을 차려주느라 정성을 쏟았다. 어떤 날에 무엇을 할지는 몰라도 다섯 모두 흙을 담은 그릇에 물을 담아 섞기 바빴고, 또 다른 날에는 도토리를 땅에 심어 나무가 잘 크도록 물을 주고서는 손을 맞잡고 기도했다. 매일 같은 장소를 찾아도 매번 다르게 노는 모습에 엄마들은 발도르프 교육의 힘을 공감했다.

발도르프 어린이집을 선택한 엄마들 마인드라, 바깥놀이를 마음먹기 어렵지 않았다. 차를 타고 이동하는 일도 어렵지 않았다. 나가서 놀기를 밥 먹듯이 하고, 가고픈 장소가 있으면 웬만해서는 남편 없이도 나서는 씩씩한 엄마들이었다. 코드가 맞는 사람끼리 모이다 보니 의사결정이 빠르게 이뤄졌고 어린이집 주차장에 모여 장소를 결정하면 일사천리로 움직였다.

엄마들은 체력을 아낄 수 있었다. 하원 후 아이 둘을 혼자 감당해야 하는 나에게는 더욱 그랬다. '네 살(태린)–두 살(태윤)' 남매 조합은 이러지도 저러지도 못할 때가 많았다. 둘째가 걷기 시작하고 의사표현도 강해지면서부터는 안고 있는 일도 불가능해졌다. 몸을 과격하게 움직이는 녀석이라 에너지를 분출할 시간을 만들 필요가 있었는데, 사람들과 함께 있을 때 태린이는 친구들과 놀고 있어서 아들과의 시간을 욕심냈다. 아장아장 걷기 시작할 때 매일같이 무거운 카메라를 들고 다니며 사진을 찍어줬다. 태린이가 이만할 때는 하루에도 몇 십 장씩 찍어주지 않았던가.

엄마들 중 누구 한 명은 반드시 아이들 옆에 붙어서 놀이에 참여했다. 함께 뛰고, 타고, 점프하고, 노래를 불렀다. 총괄하는 사람 하나 없었지만 엄마들 스스로 역할 분담이 잘 이뤄졌다. 도경 엄마는 항상 아이들을 먼저 이끌고 나섰다. 아이들을 따라 뛰는 일에도 앞장섰다. 준우 엄마는 둘째를 둘러 업고도 아이들을 얼마나 잘 쫓아다니는지 에너지가 참 대단했다. 맏언니 수현 엄마는 보통 둘째들을 챙길 때가 많았다. 돗자리를 깔아놓고 둘째들을 한곳에 올려둘 때가 많은데, 아기들이 밖으로 기어 나오지 않게 세심하게 관리했다. 간식도 바리바리 싸왔다. 하람 엄마는 일하고 올 때가 많았는데, 다른 엄마들의 의견에 언제든 잘 따라주었다. 나는 아이들 모습을 사진으로 담았다.

love

Yang

공동육아를 해온 뒤로 태린이는 어린이집에 가는 걸 설레고 즐거워 했다. 친구들이 좋은 시기였다. 혼자만의 세상에서 오래 빠져 있던 아이라 지켜보던 엄마로선 감격스러웠다. 친구들은 마음까지 예뻤다. 얼마나 예쁜 녀석들이냐면 친구들이 어린이집 앞 놀이터를 점령했다는 소식을 듣고 뒤늦게 갔더니 태린이가 놀이터에 도착하자마자 아이들 모두 저 멀리에서 달려왔다.

"태린아~태린아~."

다들 부르며 뛰어오더니 여섯이서 태린이를 에워싸고 끌어안고 방방 뛰고 난리가 났다. 도도한 태린이는 자기를 환영해주는 친구들이 좋았다.

'뭐 그리 이렇게까지 좋아해.'

태린이는 도도한 표정을 짓지만 엄마는 안다. 태린이가 얼마나 행복했는지. 그 장면을 바라본 엄마들도 흐뭇해서 다 같이 행복해졌다. 아이들이 정말 사랑스러웠다. 무엇보다 아이들의 생기 있는 얼굴 표정과 미소에 반해 매일 같이 밖으로 나돌았다. 아이들도 엄마들도 공동육아의 매력에 빠져버린 거다.

다섯이 모이면 흥분의 도가니에 빠졌다. 아이가 하나, 둘, 셋, 넷, 다

셋일 때 느낌이 다 다르다. 다섯이면 아이들이의 흥분해서 통제하기 힘들어진다. 실내에서는 더욱 그랬다. 함께 하는 시간이 많아지자 사건도 하나둘씩 터져 나왔다. 엄마한테만 보여주던 아이들 고유의 단점이 드러났다. 이틀 연속 크게 놀았던 다음 날이면 태린이는 부엉이 눈으로 등원하기도 했다. 자주 만나다 보니 시행착오가 생겼다. 너무 늦게 헤어지면 다음 날 리듬에도 영향을 주었다. 아이들도 가까워지고 편해지고 보니 장난감 하나에 욕심을 부리다 우는 일도 조금씩 늘기 시작했다.

규칙을 하나씩 만들어갔다. 늦어도 6시 반에는 집에 돌아가자. 자기 아이가 장난감을 먼저 가지고 놀고 있으면 친구한테 양보하라고 말하지 말고, 내 아이가 먼저 놀고 넘겨준다고 말해주자. 언제든 내 아이 감정을 먼저 챙겨주자. 모여서 간식을 많이 먹으니깐 저녁을 잘 안 먹으니, 오후 간식을 좀 덜 가지고 오고 놀이에 집중시키자. 내 아이 훈육은 각자 먼저 강하게 나서서 하자 등등.

친해진 여름부터 딱히 목적 없이 즐겁게 놀았다. 시간이 흐르고 늦가을이 왔다. 오늘도 태린이는 친구들과 놀면서 태린이가 친구들과 함께 하는 재미를 알게 됐다. 매일 그리는 그림일기에는 같은 반 친구들이 매번 주인공이다. 잠들기 전 친구들과 나눈 추억들을 나누면서 이야깃거리도 늘어간다.

엄마들은 아이들을 관찰하고 대화를 나누면서 앞으로 어떤 교육을 지속할지 각자 방향을 잡았다. 발도르프 교육에 맞는 아이들 모습을 보면서 5세가 되어서도 같은 교육을 시키고, 심지어 초등학생이 되어서도 막연하게나마 대안교육을 꿈꾸게 되었다. 우리 같은 엄마들이 자꾸 모이고 모여 덩어리를 이루면 비싸게 사교육 들여가며 경쟁 궤도에 진입하지 않을 것이다. 이민 갈 생각도 없어질 것이다. 우리의 작은 모임을 계기로 작은 공동체 안에서 공동육아를 펼칠 계획을 세우고 있다. 엄마가 가진 재능을 드러내 더 성장하고 서로의 부족한 부분을 채워주는 품앗이 공동육아 말이다.

아이와 세계 여행을 꿈꾼다

대학시절 미국 어학연수 덕분에 외국인 기피증을 크게 떨쳐버릴 수 있었지만, 진작에 영어를 잘했더라면 또 다른 인생을 살지 않았을까 생각한다. 그 문화에 흠뻑 젖어 미국 현지에 흡수되고 다른 나라 친구들과 더 깊은 관계를 맺고 살았을 것이다. 산티아고 가는 순례길을 다녀온 뒤에도 마음 한 편이 비어 있는 기분이었다.

외국인 친구를 만나려고 떠난 여정은 아니었지만, 복잡한 머릿속과 바닥나던 체력과 싸우느라 다른 나라 순례자들이나 현지인들과 어느 정도까지 선을 그어 사귀었던 내 모습이 한국에 돌아와 어느 순간 돌이켜보니 두고두고 아쉬웠다. 사회생활을 하며 나약해질대로 나약해져서 누군가와 이야기를 나누기도 힘든 상태기도 했다. 하지만 앞으로는 나만의 여행을 자제하기로 했다. 지극히 개인적인 여행은 충분히 했으니까.

이제 아이가 둘이다. 아이들이 어느 정도 클 때까지는 어쩔 수 없이 같이 떠나야 한다. 되도록이면 배낭을 메고 해외로 가서 넓은 세상과 관계를 맺어가는 여행을 할 예정이다. 좋은 리조트에 앉아 물놀이하기 바쁜 시간보다, 유명 관광지에서 예쁘게 사진을 찍어주기보다 한국에서 쉽게 경험하지 못하는 장소를 찾아주고 싶다. 우리에게 주어진 시간을 그냥 흘려버리기보다 더 뜨겁고 값지게 보내고 싶어서다.

그렇다면 아이들과 어디로 가면 좋을까. 프랑스 남부 작은 시골마을에서 실컷 뛰어놀게 할까. 한국과 육아 환경이 다른 북유럽 국가에서 아이들과 어울리게 해볼까. 동남아시아를 순회하며 나라 별로 몇 달간 살다 올까. 차라리 미국 서부로 이민을 가서 그곳을 본거지로 두고 이곳저곳 여행하며 살까. 이렇게 여행지를 고민하던 차에 오소희 여행작가가 떠올랐다.

아들이 세 돌을 갓 지났을 때 한 달 넘게 터키 여행을 떠난 이후 아랍, 중남미, 동남아, 아프리카를 누비고 다녔던 엄마 오소희. 그 아들은 어떤 여행이 좋았을까 궁금해서 그가 쓴《열일곱, 내가 할 수 있는 것은》책을 읽어 보았다. 그 모자가 정한 여행 원칙은 되도록 많은 현지인 만나기였다. 되도록 세계 최빈국들을 방문해 가장 저렴한 숙소에 묵고, 길거리 음식을 사 먹었으며, 가장 저렴한 교통수단을 이용했다. 그 원칙 속에서 현지의 삶에 발을 담가 마음을 함께 나누며 살아가는 가치를 깨닫고 직접 실천하고 있다.

열세 살이던 오중빈 군이 인도네시아 발리 우붓을 여행하다가 우연히 발걸음한 페르마타 하티 고아원. 이곳에서 바이올린을 연주하며 음악을 가르쳐준 일을 계기로 우붓 친구들과 오랫동안 아름다운 우정을 쌓아왔다. 처음엔 영어도 못했고 음계도 몰랐던 아이들이 밴드를 만들어 발리 전역에서 순회공연을 할 정도로 실력을 키워 나갔다. 중빈 군은 해마다 연극과 밴드 공연 등을 기획하고, 대학 장학금을 마련하며 지금도 진정한 봉사활동을 실천하고 있다. 지난 2016년 말부터 운영해온 발런트래블링voluntraveling, volunteering while traveling 프로젝트는 참으로 인상적이었다. 여행을 하면서 재능 기부를 할 수도 있다니. 이 프로젝트에 참여한 중학교 1학년생 단이의 리뷰가 눈에 들어왔다. 단이는 1차 발런트래블링에서 중국어 수업을 두 차례 진행했던 아이다.

가족들과 관광지만 휙 둘러보는 여행과 아유와 하티 친구들이 있었던 이번 여행은 정말 많은 차이가 있었어요. 페르마타 하티는, 열다섯 살의 저에게 정말 말로 표현할 수 없는 아름다운 추억과 소중한 친구들을 선물해줬어요. 공부에 시달리는 학교 친구들과는 확실히 다르게 순수한 감정을 나눌 수 있었던 것 같아요. 또 많은 것을 느꼈어요. 제가 하티의 친구들로부터 느낀 수많은 감정들은 제가 주려고 준비했던 것과는 비교할 수 없을 만큼 컸습니다.

중빈 군 여행에는 나눔의 가치가 담겨 있었다. 누가 시켜서가 아니었다. 여행을 통해 자연스럽게 동기가 생긴 경우였다. 그렇게 보면 여행은 정말 건강한 도구이다. 스스로 삶의 동기를 만들고, 그 동기로 열정과 책임감은 물론 꿈을 키워가니 말이다. 자녀 교육 열풍이 사그라지지 않는 우리나라에서 수능 위주 교육에 휩쓸리지 않기 위해서라도 여행이 더 필요하다 싶다. 아이들에게 스스로 생각하는 힘과 살아가는 힘을 키워주기에도 여행이 최고다. 삶을 밝게 바라보는 태도도 만들어 줄 수 있으니까.

아이들이 어려도 상관없다. 어린 태린이를 데리고 남편도 없이 제주를 다녀왔다는 글을 보고 어떤 분이 댓글을 남겼다. "어차피 아이들은 기억도 못하니 더 키워서 혼자 마음껏 다니시라." 친정 엄마만 하더라도 "천지도 모르는 애들 데리고 쓸데없이 돌아다니지 말라."는 말씀을 자주 하신다. 딸이 고생할까 봐 걱정하는 마음에 말씀은 그렇다. 그런데 부모님은 누구보다 우리 자매를 부지런히 데리고 다니셨다. 친정 부모님과 산과 바다, 계곡 어디로든 떠나서 텐트 치고 밥 해 먹으며 밤에는 별을 세던 지난 날들을 추억하면서 그 영양분으로 지금도 살아간다.

그렇기에 아이가 어려도 지금 그 순간을 기억하지 못한다 해도 떠나고 싶다. 그 경험이 어마어마한 힘을 가지고 있다고 믿기 때문이다.

매년 엄마와 세계여행을 다녔던 중빈 군은 책에서 이렇게 말한다.

> 터키를 여행할 당시 나는 겨우 세 살이었고, 코끼리와 공룡의 차이점은 구분해낼 수 있었지만 한국에서 봤던 아파트와 블루모스크 사이의 다른 점을 구분해낼 수는 없었다. 마찬가지로 나는 그것이 평범한 접시든 아니면 2천 년 전 술탄이 애용하던 접시든 시간이 조금만 흐르면 터키에서 본 것을 모조리 잊곤 했다. 그럼에도 불구하고 경험을 쌓을 수는 있었다. 바로 사람들로부터. 그때는 몰랐지만 지금에 와서 생각해보니, 내가 했던 모든 여행들이 내 인생에 어떤 영향을 미쳤는지 알 수 있다. 터키에서 나는 어렸지만, 어렸기에 더욱, 오늘날 바쁘게 사는 한국인들이 잊어버린 가치를 존중하며 사는 사람들, 즉 사랑과 친절을 존중하는 사람들을 본능적으로 알아채고 따랐던 것 같다.

해외여행을 꿈꾸는 이유가 있다. 모두가 비슷하게 살아가는 한국에서는 아이나 엄마나 어딜 떠나든 얻을 것들이 제한돼 있다. 도전하고 싶은 일도 쉽게 나타날 가능성도 적다. 더 넓은 세상에서 티 없이 맑은 아이들과 어울려 소소한 일에도 행복을 느끼는 아이들로 크길 바란다. 옆집 아이보다 좋은 교구가 없어도 부러울 게 하나 없는 아이로 자랐으면 한다.

《학교는 하루도 다니지 않았지만》 저자 임하영 군도 좋은 롤 모델이다. 스무 살이 될 때까지 홈스쿨링을 했던 그는 일찍부터 어려운 인문학 책을 소화하며 사회 문제를 비판적으로 바라보기 시작했다. '우리보다 나은 사회는 어디일까'를 고민해 만 열여섯 살에 88일 동안 혼자 유럽여행을 떠나 자신을 돌아보고 사회가 어떻게 나아질 수 있을까를 생각했다. 또 그 역시 "어떤 장소를 많이 둘러보기보다는 직접 현지에 사는 사람들을 만나고 그 사람들의 삶의 방식을 체험하는 것이 여행"이라고 손미나 작가가 집필한《여행이 아니면 알 수 없는 것들》에서 밝혔다. 이런 진짜 공부를 할 수 있다면 얼마나 좋을까. 나는 아이들이 십 대에 혼자 배낭여행을 가겠다고 마음을 먹는다면 흔쾌히 보내줄 것이다.

조기 교육이라기보다는 아이들이 세상 사람들과 편하게 소통했으면 좋겠다는 소박한 바람 때문에 지난해부터 엄마표 영어를 시작했다. 좋은 건지 나쁜 건지 모르겠지만 태린이는 영어로 말이 트인 아이다. 잠꼬대도 영어로 할 정도로 영어를 좋아하는 아이를 위해 엄마인 나도 일상에서 영어가 입에 붙도록 노력하고 있다. 홍현주 박사님이 쓴《세상에서 제일 쉬운 엄마표 생활영어》와《엄마표 생활영어 표현사전》을 매일 꺼내 읽다 보니 아이들에게 어떤 상황에서도 영어를 하나둘 꺼낼 수 있게 됐다. 내가 아이들에게 영어로 친근하게 말할 수 있다면, 훗날 태린이와 태윤이가 세계 여행 중에 만난 외국 친구들과도 더 가까워질 수 있지 않을까 기대해본다.

엄마표 홈스쿨을 시작한 지 1년이 흐르고 보니, 아이들과 즐겁게 노래 부르고 만들며 보낸 시간은 추억이었다. 《엄마표 영어 이제 시작합니다》 저자 누리보듬님 한 마디가 아이들과 세계 배낭여행을 떠날 나에게 동기를 더욱 불어넣어줬다. "통제에 길들여진 아이로 만들고 싶지 않다는 것. 해야 하는 일보다 하고 싶은 일을 행하는 아이, 남들과 다르게 생각하고 표현하는 아이로 키우고 싶다는 것. 이 세 가지 바람이 엄마표에 대한 확신을 주었다." 엄마표는 나와 아이들의 삶을 더 바르게 살도록 이끌어줄 거라 강하게 믿기에, 매주 스케줄을 짜서 엄마표 홈스쿨을 실천 중이다.

시간은 우리 삶을 지배한다. 각자에게 주어진 시간을 어떻게 쓰느냐가 인생을 결정한다. 아이들이 크는 동안은 부모가 아이들의 시간을 담당하게 된다. 한편 엄마인 내가 주도해 여행을 계획하지만, 우리가 떠날 시간은 아이 소유이기도 하다. 아이들이 크고 나면 엄마를 원망할지도 모를 일이니 헛되이 보내면 안 된다. 관광지만 둘러보는 여행과 그 문화 사람들에 젖어 지내는 여행은 180도 다른 결과물을 만들어낼 것이다. 결과물이 꼭 좋아야 하는 건 아니지만 어떤 여행이든 아이 삶에 평생 자양분 같은 역할이 될 것은 틀림없다.

한국에서는 좀처럼 느낄 수 없는 행복을 안겨주고 싶다. 옆 사람이 어떤지는 그다지 중요하지 않다. 우리 집이 그 자체로 좋으면 이웃집이 더 커도 상관없다. 태린이와 태윤이가 삶의 가치를 깨닫는 여행을 하기를 바란다. 우리 아이들은 세계 어느 지점에서 어떤 생각을, 어떤 가치관을 가질까. 자존감은 어떻게 키워갈까. 앞으로 우리가 떠날 배

냥여행이 기대된다. 부디 아이들이 여행을 통해 성장하고, 자기 삶에 정답을 찾아갔으면 한다. 행복한 사람은 자기 자신이 세운 기준에 초점을 둔다고 하지 않던가.

떠수니의 여행 육아 TIP

아이와 여행하며 깨달은 것

- 아이는 여행지에서 더 많이 뛰어놀고, 더 많이 먹는다.
- 평소 패밀리룩을 고려해 옷을 사두면 일상에서도 두고두고 예쁜 가족사진을 남길 수 있다.
- 계획한 일정을 욕심내지 않고 반만 소화해도 성공한 거다.
- 출산한 후에는 편안한 호텔이나 조용한 휴양지가 얼마나 아름다운 장소인지 알게 된다.
- 아이는 여행 중에 새로운 미소와 웃음을 선보인다.
- 아이는 뱃속에서도 세상에 나와서도 아빠랑 엄마랑 나눴던 추억들을 기억한다. 뱃속에서도 즐거워 했던 일은 세상 나와서도 즐긴다.
- 아이는 평소보다 잠을 더 많이 잔다. 잠이 들면 마냥 기다릴 수밖에 없다. 아이 덕분에 기다림의 미학을 배운다.
- 유모차는 되도록 가지고 다닌다. 필요 없다고 포기할 때 더 쓰이는 법이다.
- 사진을 배워두면 아이와의 추억이 더 아름다워진다. 이왕이면 휴대폰 사진보다 카메라로 찍자. 오래 더 많이 들여다보게 된다.

세상에서 가장 소중한 내 딸, 태린아

엄마는 확신한다.
수동적인 휴양지보다는
문화와 사람이 살아 숨 쉬는 곳,
자연이 우리를 있는 그대로 품어주는 곳,
때로는 다이내믹한 도시 거리 곳곳을 걸어 다니며
더 넓은 세상을 만나길 좋아하는 네가 될 거라고.
엄마는 벌써 설레는구나.
사람과 자연과 문화가 다채로운 곳은
우리를 바른 곳으로 이끌 거야.
그래서 우리를 언제든 꽃피워줄 거야.

언제든 또 꿈을 실어 일으켜줄 거야.

엄마는 믿는다.
우리 둘은 더 행복한 꿈을 꾸게 될 거라고.
엄마는 서른여덟인 지금도 꿈을 꾼단다.
원만하지 않은 여정 속에 눈물을 흘리더라도
우린 그 눈물이 얼마나 삶의 보석 같은 존재였다는 걸
잔디밭에 머리 맞대고 누워서
깔깔거리며 같이 추억하는 날이 올 거야.
그거 아니?
네가 울면 엄마도 울어. 네가 아프면 엄마는 더 아파.
그래도 우리는 여행 속에서 아픔도 이겨내는 모녀가 될 거야.
어떤 좌절도 두려워하지 않는 우리로 성장할 거란다.
우리가 해적이나 불한당에게 붙잡히더라도
살아남을 수 있다는 강한 마음도 가지길 바란다.

엄마는 그랬어.
여행을 하면 행복해졌어. 자꾸 더 행복해졌어.
여행은 지친 너를 다시 일으켜주고
이따금 못난 너를 무색하게 해줄 거야.
누구보다 너를 사랑하는 사람으로 성장할 거야.

그리고 말이야. 혹시 너무 그리운 대상이 있다면
혼자 훌쩍 떠나보렴.
엄마는 스페인 순례길에서 그랬어.
스페인 갈리시아 지방의 묵시아muxia라는 바닷가 마을로 가는 길이었지.
하루 종일 아무도 없는 숲을 지나다가 예쁜 바다를 마주하던 순간,
세상에서 가장 존경했고
엄마를 제일 사랑해줬던 할아버지를 마음껏 불렀어.
"할아버지, 할아버지"
그리고 어디선가 나타난 할아버지와 다시 만나면서 몇 년 간의 응어리를 풀었단다.
치유를 받은 셈이지.

삶이 너무나 간절해지는 순간에도 마찬가지야.
너를 온전히 맡기고 내려놓을 수 있는 장소로 가보렴.
수도원이나 절도 좋아.
삶을 방해하는 모든 요소들을 여행지에서 떨쳐버리게 될 거야.
그렇게 이겨내다가
언젠가 다시금 힘들면 또 떠나봐.
바빠서 시간이 안 되면
작은 시내나 한강 변이라도 가보렴.

작은 물결 하나도 널 어루만져줄 거야.
엄마랑 아빠가 위로해주지 못하는 마음도 말이지.
살랑거리는 바람에 복잡한 머리가 맑아지는 느낌을 알게 될 거야.

폴 서루의 《여행자의 책》을 읽어보렴.
혼자 떠나면 얼마나 값진 것들을 알게 되는지 나온단다.
최상의 여행은 혼자 하는 여행이라고 왜 강조하는지
너도 언젠가 알게 될 거야.

태린아,
우린 여행을 통해 행복해질 거야.
너는 지금껏 그래 왔듯
아빠 엄마가 쥐어준 대로, 말해준 대로만 하지 말고
너만의 방식으로 나아가렴.
엄마는 엄마만의 방식으로 여정을 마음에 담을 테야.

엄마가 좋다고 가자고 해서 가는 게 아녔으면 좋겠어.
네가 가고 싶어야 해.
네가 삶의 갈증을 느끼고 있고, 만족하지 않는다면 진정한 행복을 느낄 수 없어.
그래서 꾸뻬 의사 선생님처럼 가끔은 더 큰 행복을 찾기 위해 떠나보는 거지.

언제나 바람과 풀과 다양한 사람들과 살아 숨 쉬는 네가 되길 바라며.

–엄마가

일러두기
책 속에 인용된 글 대부분은 저작권 허락 및 동의를 구했습니다. 하지만 책을 쓰신 저자 분과 연락이 닿지 않아 허락 및 동의를 구하지 못한 글이 있습니다. 책을 보시고 연락을 주시면 다시 협의 드리겠습니다.

엄마랑 아이랑
퐁당퐁당 여행 육아

1판 1쇄 인쇄 2019년 2월 18일
1판 1쇄 발행 2019년 2월 25일

지은이 신경원
펴낸이 장선희

펴낸곳 서사원
등록 제2018-000296호

주소 서울시 마포구 월드컵북로400 문화콘텐츠센터 5층 22호
전화 02-898-8778
팩스 02-6008-1673
전자우편 seosawon@naver.com
블로그 blog.naver.com/seosawon
페이스북 @seosawon **인스타그램** @seosawon

마케팅 이정태 **디자인** 이구

ISBN 979-11-965330-3-8 13590

이 도서의 국립중앙도서관 출판예정도서목록(CIP)은 서지정보유통지원시스템 홈페이지(http://seoji.nl.go.kr)와 국가자료종합목록시스템(http://www.nl.go.kr/kolisnet)에서 이용하실 수 있습니다.
(CIP제어번호 : CIP2019003332)